藍學堂

學習・奇趣・輕鬆讀

Google總監的12堂故事力課程
說出讓人有感覺、聽得進、溝通到的簡報

說一場
有故事的簡報

STORYTELLING WITH YOU

Plan, Create, and Deliver a Stellar Presentation

by Cole Nussbaumer Knaflic

柯爾‧諾瑟鮑姆‧娜菲克———著

鍾玉玨———譯

目 錄

推薦序｜一場有故事性又符合商業邏輯的好表達

孫治華（簡報實驗室創辦人）

這是繼《Google 必修的圖表簡報術》之後，應該要暢銷的商業表達書籍了！

　　因為這是同一位作者寫的，但是風格與商業的延伸性更完整了，《Google 必修的圖表簡報術》這門課我在商周已經講了六年，我負責的是如何用圖表說故事的部分，我常笑稱，真正要學講故事，很多人看了 N 本書都學不會，這本書加上前言也才三個章節在講故事，所以我的部分就是再補充說故事中該學的，但是現在作者把這一段也補上去了，而且閱讀起來簡單、務實、有流程、有表單。

不僅只是說故事，而是有充分的商業考量為基礎

　　我覺得這本書很有意思的點是，雖然作者說這一本書比較適合一些演講的情境，但是我卻發現她相當的務實，在第一章的〈核心想法表單〉中，其實就已經規畫一個非常細膩的說服策略，而且還有很多自問自答的問題集可以讓你對說服策略可以有更完整的思考面向，像是：

- 他們關心什麼？是什麼給他們動力？
- 是什麼讓他們感到害怕，或者讓他們夜裡失眠？
- 是什麼激勵他們？是什麼導致他們想要付諸行動？
- 是什麼阻止他們行動或讓他們猶豫不決？
- 他們為什麼會支持你？

* 他們為什麼會拒絕你？

我覺得這些問題真的是很適合商業表達經驗比較少的朋友去思考的方向，可以使講者對於報告主題更深一層的認識。

對說故事的情境也有充分的理解

很多的作者會把自己分享的內容當作一劑萬靈丹，但是怎麼可能？像是你為什麼銷售成績不佳？因為你不會商業簡報，為什麼你團隊領導不好？因為你不會商業簡報，為什麼你的主管不青睞你？因為你不會商業簡報，這是一種窄化、狹隘的思維。這本書也主動跟大家分享什麼樣的情境是不適合講故事的，像是那種有固定格式、公司有訂定架構的簡報不合適，像是「觀察、研究主題、假設、實驗、分析和結論」的這種報告。

但是像我們這種報告的老手就知道，這樣的報告本身比較難成為一個故事，甚至硬要講成一個故事還會遇到企業文化衝擊（沒必要跟文化對撞），但是我們會讓自己的表達有故事性，或是變成我們在觀察中做一個故事開場（小單元）勾起聽眾的注意力，或是在結論時說一個未來的影響與願景，說明這報告之後的應用面向甚至是未來的市場價值，這依舊是一個故事應用的場景。**而這本書則會有簡易版的故事弧，帶著大家去思考自己的故事架構。**

從平鋪直敘的思維走到故事設計，再變成一份商業簡報的全流程說明

這本書很實際的點就是在了解了這些故事的規畫之後，還直接舉例與拆解該怎麼將這些便利貼變成一份簡報的細部分解說明，甚至已精細到選擇色調的部分！而重點是，這本書也是我第一次看到有商業表達書籍揭露了為什麼 Google、Facebook 這些國際大廠公開在社群中的商業簡報是那麼具備（無講者的）閱讀性，就是因為他們懂得將描述性標題如「供應商分析」變成預

示性標題如「改變供應商策略，降低成本，提升品質」，這看似簡單的修正卻是很多人簡報報告是否流暢的關鍵，在這本書中也有了很棒的著墨。

作者就是真的像要把你教會，從我一位職業講師的角度來說，這一本書就是一堂課程的濃縮啊！該有的高度策略與關鍵執行細節都寫在這本書了，還有豐富與真實的案例給你們參考。

這一兩年我在企業內講《改變說服力的商業簡報術》的時候，總會在開場的時候問大家幾個問題：「假如，有一份曾經被人拒絕過的簡報，記住，是被人拒絕過的簡報，今天我們上了簡報課，我們把簡報做得更漂亮，我想問各位『這份簡報就會過關了嗎？』」這時候學員往往都搖搖頭，我往往會再追問「假如，有一份曾經被人拒絕過的簡報，假如我們把資料補充的更完整，我想問各位『這份簡報就會過關了嗎？』」學員都依舊搖搖頭。

那漂亮的簡報沒有辦法幫我們解決瓶頸？資料豐富的簡報也沒有辦法幫我們解決瓶頸？那商業表達到底要學什麼？

現在，我們就來好好的閱讀這本書吧！這裡面會有各位想要的答案。一場有故事性又符合商業邏輯的好表達。

推薦序│讓你的聽眾都能「願意聽，能溝通，想行動！」

張忘形（溝通表達培訓師）

當時受邀寫這本推薦時，我受寵若驚，我何德何能幫 Google 總監推薦她的簡報書啊。但也因為如此，希望透過我的一些文字，讓你知道為什麼應該要看這本書。

首先最重要的是簡報情境，我覺得簡報可以簡易區分成兩種。

第一種是上班時可能要面對的週報、月報和結案報告。我把這類的簡報統稱為資訊整理型的簡報，而如果你平常要做的簡報是這種，我必須老實說，這本書可能不太適合你。

然而另一種簡報，是當你有機會站在台上，跟一群人闡述你的理想甚至產品時，你該讓聽眾跟著你的思維前進，甚至最後能夠行動或買單，我把這樣的簡報稱為「溝通型簡報」。

而這本書全部的內容，就是從溝通型的簡報出發。而他的獨到之處是，他不只講技巧，還能讓你從 0 到 1 的完整學習。

所謂從 0 到 1，是因為簡報其實是一個很難的學問，主要是他可能需要對聽眾的觀察、對內容的思考、對視覺的美感、對表達的掌握、個人的魅力，以及臨場的反應。

畢竟沒有一個簡報者能樣樣精通，所以有些可能專注於視覺、有些專注於表達結構，而有些則是分享實戰經驗等等。就算都有提及，但很可能比較是一個一個的技巧，而不是全面的思考。

然而這本書除了對表達的語氣無法用文字傳達，以及個人魅力需要更多累積之外，其他都已經包含在這本書裡了。而在每一個篇章中，作者都會給你確認表或是她思考的脈絡。

　　舉例來說，在內容設計的時候，裡面就有核心想法的思考表，我個人覺得這張表的價值就超過這本書的價格了。我自己在很多情境中，也都是用這樣的方式思考並且產出。

　　想想，如果能夠透過這樣的方式，釐清你的思路與內容，讓你的一個小提案通過，或是現場有一個人買單你的產品，那麼是不是就已經直接賺回來了。

　　當然，還包含了內容構思的便利貼法，以及資料整理時怎麼去蕪存菁，故事編排怎麼樣才能夠引人入勝等等，全部都有完整的步驟可以直接套用，更有作者的簡報對照參考。

　　而如果你是書名中有「故事」而翻開這本書，那麼你會發現，整本書的內容也像是一個故事的鋪陳。一開始我們可能什麼都沒有，所以作者帶著我們從分析聽眾到規畫內容，就像是勇者要出發前，我們需要先掌握資訊。

　　接著從故事，文字，圖表和風格，作者一步一步把思路和我們分享，就像前輩傳承裝備給我們一樣，讓我們遇到問題時，能夠照著上面的方法解決。

　　還有模擬上台，建立自信，自我介紹，讓我們在上台前有最棒的準備，就像是勇者出發前的訓練。

　　而我覺得這本書對我而言最有趣的，是最後一章節的簡報成功，幾乎提到了各種簡報容易發生的情境。

　　例如給我一個很好提醒就是，不要貶低自我，因為當你有自信，聽眾才會覺得你更有影響力。

　　又或是現場發生了意外，我們的心態可以怎麼調整等等。這些都是很少在其他簡報書上出現的內容。

　　如果你對於溝通型的簡報有興趣，例如提案，銷售，甚至演講時，讓你透過《説一場有故事的簡報》，讓你的聽眾都能「願意聽，能溝通，想行動！」

推薦序｜三大區塊規畫好，簡報成效自然好

林長揚（企業簡報教練，《懶人圖解簡報術》作者）

想像一下，當你正要規畫一份重要的簡報時，你的第一步會是什麼？

是打開之前下載的投影片範本？還是開始瀏覽各種圖庫素材網站？或是試試 AI 工具的生成功能？

如果你真的這麼做，你的簡報之旅可能會有點繞遠路，甚至有可能走不到目的地。

這是因為投影片設計雖然是簡報的一部分，卻並不是你第一個該考慮的事情（更何況有些簡報場景甚至不會用到投影片）。

如果我們拉高視角來看，你會發現一場好簡報是由三大區塊所構成，分別是：「規畫」、「輸出」與「實戰」。

規畫：這是簡報最重要的第一步，通常涵蓋目標設定、觀眾分析、架構鋪陳等內容。

當中最需要先思考的就是目標設定，也就是你想從這場簡報獲得什麼成果，例如：「簡報結束後，客戶會詢問其中一個方案的細節」「演講結束後，有至少 20 位在場的觀眾會來交換名片」等。

目標確立了，我們就能辨認出哪些觀眾是達成目標的關鍵人物，並透過分析他們的需求和喜好，篩選出他們希望得到的內容。

接著才能利用好的架構鋪陳吸引觀眾，讓他們的專注力一直維持在高點，並記住我們的簡報重點。

輸出：透過目標設定、觀眾分析、架構鋪陳規畫好簡報核心內容後，我們可以評估本次簡報的呈現方式。

是要用投影片輔助說明？還是純口頭講述？或者要利用白板、白紙邊畫邊講等，決定好呈現方式後，才能做相對應的準備。

例如，若決定要製作投影片，就要先確立設計的自由度，是可以完全讓我們自由發揮，還是需要遵循企業的品牌規範？主要觀眾對哪種類型的投影片有偏好？

接著我們要確保每張投影片的排版是否符合簡潔的原則，讓觀眾觀看時覺得清楚又舒服。就算不用投影片，也要思考相關的細節，才能讓簡報不被扣分，並順利達成目標。

實戰：當內容與呈現都準備好了，我們可以來做簡報上場前的準備。

我自己會從這三個方向做準備：「練習」、「場地設備」和「撰寫攻略」。

練習不用多說，就是讓我們熟悉簡報內容，並可以藉此降低緊張的程度，避免上台簡報時過度緊張而表現差。而練習的方法有好多種，未來有機會再跟你分享。

而若想要讓簡報加分，場地設備確認是非常重要的一環。例如能否用自己的電腦、有沒有麥克風、座位安排、燈光調整、線材規格、觀眾的視角等。

確認的愈詳細，簡報的成效愈有保障。推薦你可以依照自己的習慣列一張清單，才能確保場地設備的狀況都在你的掌握之中。

最後是撰寫攻略，我自己會寫兩種攻略，第一是「可能會被問什麼問題」，藉由觀眾分析與簡報核心重點，來預想觀眾問的問題並先寫下解答；二是「突發狀況該怎麼處理」，像是電腦當機、沒有音樂、簡報時間被縮短、停電、地震等，先想想該怎麼辦，真的發生時就不會驚慌。

我始終相信「三大區塊規畫好，簡報成效自然好」，因此這三大區塊是我每次簡報必定會用心規畫的重點，推薦你也試試看。

如果你想開始卻又毫無頭緒，這本《說一場有故事的簡報》將會一步步帶你規畫出好簡報，快繼續閱讀下去，踏出成功簡報的第一步吧！

一切從一個故事開始

我十二歲的時候，投入學生自治會選戰。

當時我是中學生，第一次參選學生自治會幹部。我記得我花了不少時間苦思競選海報，希望一鳴驚人。我求我媽帶我去小鎮的生活用品店，挑選顏色超搭的海報板和顏料。我看得出該邀哪些朋友來幫忙能加分——例如麗莎的字是否好看到符合要求？選前，我的臥室地板堆滿了材料：尺（確保線條筆直）、字母模板（確保字型精準）以及製作徽章的器具。一大張貼在牆上的牛皮紙記錄了各種可能的競選口號。回想起來，敲定「挑選唯一，就投妮基」的口號算是滿糗的。

我還花了很多時間擬講稿。主要政見包括：在學生福利社賣剛出爐的餅乾，在足球場（而不是臭烘烘的體育館）舉辦露天舞會，將志工服務時間納入學校行事曆。我狂敲家裡的電動打字機，當小小螢幕出現打好的一行字，我都要停下來將這行內容一修再修，直到滿意為止，然後再進入下一行。那是一場精彩的演說。

投票日當天，我清楚記得自己走上體育館講台發表精心製作的政見時，一路上心情緊張忐忑。兩百張熟悉的面孔在台下滿懷期待地看著我。我開始念著自己撰寫的講稿時，手忍不住發抖。「大聲點！」有人喊道。我可以聽

到自己的聲音在顫抖，還透過喇叭被放大。我呼吸困難。整體表現**不盡如人意**。

儘管不盡如人意，但我還是順利當選。顯然，餅乾的吸引力加分不少，足以克服我缺乏自信的表現。這代表我做對了一件事：我了解我的觀眾。這次演講的心得與教訓，我一直到後來才完全明白。雖然糕餅並非次次都是演說的選項，但演說**總是**與餅乾有關——確定哪些想法、機會、潛在的回報或未來的願景極具吸引力，讓聽眾或觀眾無法說 NO。

我如何踏上說故事之旅

我不是天生厲害的講者，也不是天生說故事的高手。我覺得自己個性內向，最自在的地方就是我現在坐著寫這本書的所在：獨自一人在我的筆電前打字。你根本猜不到我原來是這樣的人，因為我可以在擠滿觀眾的會議室自在地侃侃而談，或是站在舞台上自信地發表演說。這絕非偶然；而是經過審慎練習、不斷精進技巧的結果。雖然這絕對是刻意練習，但多少也令人好奇，因為我一開始並沒有打算成為說故事高手。

我大學畢業後第一份工作是在銀行服務。我當時剛從本科畢業，主修應用數學，所以在信貸風險管理部門擔任分析師。我工作勤奮，一直在尋找提高效率的做事方法，我對於分析數據以及用圖表視像化數據很有一套。我順利升遷。兩三年內，我有了自己的小團隊，負責每個月向風險長（CRO）和他的領導小組報告數據。

不過我仍然像當年的中學生，雙手發抖、聲音顫抖。這次的觀眾換成領導高層——大部分是男性，而且至少比我大十歲，讓我緊張不已。久而久之，我學會放下文件，這樣發抖的雙手就不會成為聽眾第一個注意的目標。

深呼吸有助於穩定我的聲音。但我仍然有一個難以克服的挑戰：填充詞（filler words）。我不習慣句子與句子之間出現空檔，所以開口就滔滔不絕，基本上沒有停頓。如果想不到該用的詞，不會停下來整理思緒。反之，我會用「之類」、「呃」、「嗯」等填充字避免冷場。我試著靠一些小懲罰制止我愛用填充詞的習慣。我請旗下團隊透過電話視訊會議聽我對高層的每月彙報，計算我違規的次數。每犯一次，就罰一毛錢，因此我多次替小組的開心聚餐買單。不過，我與管理高層開會時愛用填充詞的毛病未見改善。

我的事業不斷成長，檯面下的工作表現也可圈可點，但我上台時乏善可陳的口頭報告無法替我辛苦準備的資料與研究結論充分加分。

二〇〇七年爆發信貸風險危機，我離開銀行業，將我多年累積的分析技能應用於另一個領域 ——Google「人力分析部門」（Google People Analytics）。Google 的工作環境超讚，我非常感謝這份工作給我的回報讓我不斷精進。其中一個機會是能夠開一門課，教導他人如何有效地用數據溝通。

該課程的重點是將資料視覺化（可視化），這也是我一直感興趣的領域。推出後，資料視覺化成了受歡迎的課題，並推廣至 Google 在全球的分公司。這結果既讓人喜不自勝 ——也讓人非常害怕，因為我從來沒有正式當過講師！所幸我能報名參加公司內部一系列課程，幫助我**學習**如何**授課**。課程中，我學到的兩個簡單技巧對我影響甚大，也永遠改變我的溝通方式：站起來以及別轉台。稍後你會聽到更多這方面的細節。

在 Google 工作的這些年，除了人力分析的核心工作，我還教授十多門關於資料視覺化的課程。學員來自 Google 的各個部門，包括業務、工程、產品、行銷和人力營運等等。我開始體認到不同類型的人溝通方式也有別。透過學員的故事和不同的教學情境，我進一步了解溝通可能遇到的情境、挑戰和機會。累積經驗之後，我設計活動，指導小組親自下海練習。若學員

人數較多，我會把授課內容結構化，然後帶領大家討論分享。我受邀參與「我的第一次會議」（My First Conference），並上台致詞。有了口碑後，Google 以外的職員也對我的課程感興趣，所以我受邀到其他公司授課。

　　二〇一二年初左右，我清楚知道，不只 Google 需要善用數據進行有效溝通，其實大家都有這樣的需求。所以我決定孤注一擲，將自己熱愛的計畫——用資料說故事，提升到另一個層次，我辭去白天的全職工作，集中心力希望在一次次的研討會上，讓世界漸漸擺脫多到爆的 3D 圓餅圖。一切由小而大循序漸進，坦白說，風險相對偏低（我很開心旅費有著落以及感謝主動報名參加講座的觀眾！）。早期的這些研討會給了我機會獲得認同與大量實戰經驗。一開始，我的重心主要放在：確保授課的投影片品質一流、授課內容言之有物、上課流暢。直到我覺得內容沒問題之後，才把注意力轉向授課方式。現在是時候面對中學體育館那個心魔了。

　　我發現數據圖表呈現方式不同，觀眾的反應也會不同。同理，我注意到授課方式的細微差異也會影響觀眾的反應。藉由觀察觀眾的提示和回饋，我發現簡單的改變（例如音量和說話速度）卻有不小的影響力。我可以根據所站的位置，鼓勵某學員加入討論，以及用我的肢體（如雙手和身體）強調一些重點。當小組陷入苦思，我會軟化聲音把他們的注意力拉回到當下，因為他們得豎起耳朵仔細聽才聽得見。活絡氣氛會立即讓大家打起精神。每換一批新觀眾，意味又得到一次機會可進行實驗、學習和精進我說故事以及演講的技巧。

　　連帶地，我也有了一個愈來愈清楚的革命性發現。如果我是出色的講者，我可以影響別人，說服他們投資我關注的事。反之，若我無法有效地呈現我的想法，根本不可能推動我想要的改變。

　　隨著時間推移，為了不辱「用資料說故事」（SWD）的使命——善用

資料溝通並推動積極正向的改變，代表我需要一些協助（這可是一項浩大工程！）。我成立的 SWD 公司已小具規模，雇用了一小群有才華的人。每個員工都必須善於溝通，能夠熟練地做簡報，說話方式讓對方願意傾聽與交流。我和團隊分享我學到的東西，指導他們成為演講（簡報）高手以及能激勵人心的說故事高手。透過練習以及應用本書設計的課程，你也會成為這樣的達人。

為什麼你要成為說故事的高手？

你是否曾經在表達觀點之前，觀眾的注意力就飄走？或者被對方帶到一個意想不到的方向？還是被一個始料未及的問題帶偏了主題？或者開口之後發現自己在觀眾眼中缺乏可信度？或是演講結束後，不知道自己是否改變了觀眾的想法，以及是否有人會根據你分享的訊息採取行動？

即便善於說故事或厲害的簡報達人，也無法保證這些挑戰不會出現，但的確可以大大減少它們發生的頻率。你可能花大把時間在幕後活動，盡責地做好工作。然而，走到幕前、向別人簡報（溝通）專案，通常才是別人唯一看得到的環節。**這是你所有努力成敗的關鍵。**你負責的工作很有價值與意義，只是這些價值沒有透過有效溝通傳達出去。

應用本書的課程，你成功的機會將會提高。如果我們很會說故事，就可以吸引觀眾的注意力，讓他們聚精會神，最後激勵他們採取行動。

本書適用對象

本書是為準備口頭報告或發表演講的人所編寫。場合可能是參加商務會

議、出席學術會議發表報告或是擔任專題演說的主講人等等。

由於本書的重點是計畫和練習，本書的一整套課程最適合風險高、變動大的場合，亦即比較不像每周進度會議或每月評估會議之類的情況，即使是這類固定場合，本書同樣也能對你的溝通技巧加分。當你需要鼓勵某人換個角度看待某件事情、採取行動或做些改變時，你在本書各種劇本學到的攻略都用得上。

本書內容

本書分三部分：**規畫**（plan）、**製作內容**（create）和**上場演說**（deliver）。在**規畫**的章節，你會了解花時間認識觀眾、構思所要傳達的訊息、架構支持訊息的內容等等有多重要。我們將深入研究故事，討論故事在商業簡報中的應用面，故事既可作為解說複雜事物的手段，也可作為組織內容的策略。在**製作內容**這個部分，我們將探討如何建構有效的演說素材，確保故事能被廣泛傳播與記住。**上場演說**的部分將協助你做好該有的準備，並培訓你作為講者的能力，這時你既要透徹了解演說內容，又要覺得自己做好準備，渾身散發自信的氣場。這些章節將讓你具備規畫、製作和演說的技能，完成出色而有效的簡報或演說，無論是在會議上還是講台上都能發光發亮。

具體章節摘要如下：

第一章：考慮你的觀眾，投其所需

你不是在和自己交流溝通──首先，你是在和你的觀眾交流溝通。在這開頭第一章，我們分析觀眾：他們是誰，你將如何與他們建立交集，以及他們應該採取哪些行動。採取任何行動之前，考慮以及分析你的觀眾，這讓你

站在成功溝通的最佳位置。

第二章：構思訊息

你到底想要傳達什麼？雖然這聽起來很直接，但你得清晰而簡潔地回答這個至關重要的問題，這是講者常遇見的挑戰。我列出幾個攻略，協助你撰寫吸睛的關鍵訊息。你將學會如何闡述自己的觀點，並用短短一句話點出關鍵。

第三章：整合資訊碎片

一旦你知道你的觀眾是誰以及要傳達的訊息，你就可以開始規畫內容。我們透過腦力激盪想出各種點子，然後編輯這些想法，將它們排列在故事板上，成為你的攻擊計畫（靠的是傳統低科技便條貼與紙板）。我強調了刻意割捨、獲得回饋意見的重要性，也提供怎麼做到這些的技巧與攻略。

第四章：建構故事

故事能引起我們的共鳴，並能讓我們牢記，這是其他事實望塵莫及的特點。在規畫的最後一章，我介紹了敘事弧和緊張點的重要性。我們研究故事的不同形狀，並思考如何應用這些形式，同時重溫前一章的故事板。你將學習如何在商務簡報中使用故事架構爭取觀眾的注意力並督促他們採取行動。

第五章：設定風格與結構

本章的重點是從規畫內容進入到創建內容。我們首先會概述設計時一般會考慮的因素，然後建立簡報的框架，包括將手工準備的內容轉化為投影片的實務過程。

第六章：用文字說出來

文字在視覺化傳播中扮演重要角色，在本章，我們探討幾種有效使用文字的策略。我介紹何謂重點標題，並說明如何有效使用。本章還探討投影片若只有文字會有什麼效果。

第七章：以圖表來顯示資料

仰賴資料支持你想要傳達的訊息時，通常需要將資料可視化。我在本章分享如何在簡報中善用圖表，重點整理出將圖表視覺化的設計原則，確保觀眾能夠輕鬆理解資料代表的意義。

第八章：用圖像說明

一張圖片是否勝過千言萬語？其實不盡然，但運用得當的圖像確實有助於設計與編排演說的內容。在**製作內容**的最後一章，我們深入探討照片、插圖和流程圖表的使用策略，包括應該避免的常見陷阱。

第九章：熟能生巧

現在你已完成演說內容，接下來我們將關注你作為講者的角色。本章將討論如何精準掌握演說的內容，以及如何練習，確保實際上場時演說流暢。我們還會介紹如何獲得實用的回饋意見，利用這些意見持續精進和提升演說技能。

第十章：建立自信

掌握演說內容固然重要，但如何吸引觀眾的注意力同樣重要。在這一章，我們將探討如何透過動作與說話流露自信，包括有效運用姿勢和聲音建立自

身的存在感和吸引力。

第十一章：自我介紹

如何介紹自己非常重要，可能是正式的自我介紹，可能是簡短地說明自己是誰以及為什麼受邀擔任講者。無論哪一種，自我介紹都非常重要。在本章，我們深入探討自我介紹這門學問，概述寫出寫這本書的流程。

第十二章：簡報成功

你已完成規畫、製作內容與練習，現在是時候上台了！在重要的會議或演講登場前、進行時和結束後，有些做法有助於確保演說成功：觀眾被演說吸引，進而願意採取行動！

第1部　規畫

第 1 章

考慮你的觀眾，投其所需

　　誰是你的觀眾：他們是你要告知、激勵和鼓吹行動的對象。歸根結蒂，當你規畫、製作內容和演說時，你所做的一切都是為了他們。

　　然而，相較於我們習慣的溝通方式，這是一百八十度大轉變。

　　以我為例。對我而言，最自然的溝通方式是向別人表達我的想法和主張，從我的角度出發，以及以我的喜好為依據。我就活在自己的腦子裡，亦即我花很多時間在自我的想法和感受，對它們自然非常熟悉，所以很容易（不需考慮太多）就能向別人表達自己的想法與感受。

　　與他人溝通則複雜多了。之所以更難，因為我們必須主動而努力地去理解他們。是什麼推著我們做現在正在做的事？當我們能夠找出觀眾的動機，並投其所好，我們就能獲得他們的關注，他們也能如我們所預期地採取行動。換句話說，正是因為周全地考慮到溝通的對象，才能讓自己的需求得到滿足。

在本章，我們首先要確定目標觀眾的優先次序，然後剖析用什麼方式可進一步了解他們的需求。我們還涵蓋該如何了解不熟悉的觀眾。一旦我們清楚觀眾是誰，就可以針對不同觀眾，量身設計許多不同面向的資訊，為有效溝通奠定基礎。

確定目標觀眾的優先次序

誰是你溝通的對象？當我向客戶、研討會的與會者提出這個問題時，他們往往會掰手指計算。一開始他們廣泛列舉不同類型的群體：高層領導、董事會、同行、公司內部有利害關係的各方、客戶、顧客、公眾。如果我讓這種情況繼續下去，他們會變得較具體：審計員、科學家、工程師、財務、店長、監管人員。

想想你自己的觀眾名單，例如你定期溝通的對象。當這些不同利害關係的群體是你的觀眾時，你應該考慮每個群體都是由不同類型的人組成，有著不同的需求和期望。

十之八九是這樣的情況——當你在本書聚焦的情況下進行溝通時（亦即會議上或發表演說），你會有一定人數的觀眾，但即便知道觀眾的人數，我們傳遞的訊息往往過於廣泛，也涉及太多無關的觀眾。這樣做很危險，因為要同時滿足多種不同的需求比較困難，加上人一多，各個觀眾幾乎都有不同的需求。

這不代表你不能同時與一個人以上溝通。然而，這也確實凸顯了確定目標觀眾的優先次序有多重要。接下來，你可在制定方法和內容時優先考慮他們的需求。

我們先進一步探索如何確定目標觀眾的想法，我們會從最簡單的情況開始，然後逐步提高劇本的複雜性。

觀眾明確而且只有一位

　　有時，你簡報的觀眾明確，而且只有一位。假設你被要求負責一個專案或做個分析報告，觀眾可能就是這工作的委託人。若是其他情況，可能有明確的決策者。當我們確定觀眾是一個人，我們可以問自己：他們關心什麼？什麼東西會激勵他們？什麼會讓他們感到恐懼？什麼會慫恿他們起而行動？是什麼讓他們猶豫不決？他們希望用什麼方式溝通？我們可以在設計每件事的做事方式時都考慮到這個人，幫這個人表達他的想法與主張。

　　我們用一個例子會更具體些。想像一下，你的公司最近對全體職員做了一次調查，衡量工作環境的諸多面向。你是分析數據團隊的一分子，現在正準備發表結果。

　　你的分析結果有一個出人意料的發現，和溝通有關。整體而言，員工的態度積極正向，但工程小組除外。於是你深入探索，進一步細分數據。結果發現，低分是因為被工程部主任拖累。這發現讓大家始料未及，因為大家都知道他是行動派、總是萬眾矚目、受到同仁高度敬重。根據他的團隊寫下的評語，認為他溝通不夠頻繁，也不夠透明。

　　我們在制定溝通計畫時可以把到這個回饋納入考量。我們需要將進展不順的地方公開讓大家知道，但在倉卒行動之前，讓我們先想想**這個人**——工程部主任。我們有多個方式定位這項發現：這可能是整頓小組或是正視盲點的機會。也許主任最大的動力在於，若他願意改變自己的溝通方式，說不定可提升團隊的生產力。另一個動力是：若他繼續自行其是，在同仁面前的公信力可能掃地，這風險可能讓他不得不三思。

　　上述幾個定調溝通內容的方式，沒有哪個絕對正確或絕對錯誤。它們彼此不同，也會因人而異。更進一步說，雖然我不會說它們哪個對或哪個錯，但根據你所處的情況以及溝通的對象，肯定會有更優或較遜的辦法。

善用競爭刺激行動

我在此分享我丈夫的經驗。他當時任職於一家公司，擔任人力資源部門的主管，有意改革陪產假制度。他知道自己可能面臨阻力；因為這不見得是執行長優先考慮的課題。他還發現，這位主管非常在意公司的福利和工作環境，即使不比同業其他公司更好，至少也相去不遠。人力資源部門沒有直接說服執行長增加陪產假，而是用另一種迂迴方式爭取支持。他們一開始先介紹了同業其他公司提供的陪產假。然後秀出自己公司較短的天數。他們接著問執行長怎麼做：保持現狀還是做些調整。完成這個定位後，他們就知道如何刺激執行長提出改革建議。人力部門成功改革陪產假計畫，他們透過深思熟慮，想出影響執行長的最佳策略。

當你的觀眾明確而且只有一人，你可以直接針對他們設計溝通內容。可從許多面向量身定作出溝通方式，我們將在本章稍後討論這點。在此之前，我們先來看看更常見的情況：觀眾是背景不一的一群人。

縮小一群各式各樣觀眾的範圍

一群各式各樣觀眾——觀眾來自組織上下不同的團隊、具有不同的年資或來自不同公司的代表，這對溝通是一大挑戰。組成分子各有不同的偏好，關心的重點或願意對哪些項目採取行動也可能意見不一。當每個觀眾可被激勵的面向不同時，你很難同時滿足多個優先事項，或鼓勵一群人採取某種行動。然而，有一群各式各樣觀眾是現實世界的常態，我們可以發揮智慧，成功與他們溝通。

當你發現自己面對各式各樣的觀眾時，首先要問自己：能否縮小觀眾的範圍。你能否優先考慮某個人，或是找出有共同興趣的次團體，並將他們列

為優先關注對象？

答案往往是肯定的。

我們不妨進一步深究這個問題。想像一下，你受雇於一家公司，該公司正準備推出新產品。你的任務是決定該產品的市場售價。你領導的團隊已對競爭對手的定價做了分析，分析結果將納入決策過程，而你就是負責傳達這訊息的人。

首先，我們大面積撒網，列出潛在的觀眾。誰會關心我們產品的定價？首先，是內部有利害關係的各方。董事會感興趣，高階管理層會關心，後者由不同的參與者組成（大家參與的理由不盡相同）：執行長、財務長、產品主管、銷售主管等等。財務部門希望與會了解情況，因為他們必須將價格因素納入營收模式。銷售團隊感興趣，因為他們站在市場第一線，努力把產品賣出去。外部有利害關係的各方呢？零售商決定是否進貨我們的產品時，會關心我們的定價。競爭對手會關注，在設計因應策略時會納入考慮。消費者也在意，據此決定買還是不買。整個世界都可能關心這件事！

強調這麼多不同的潛在觀眾，是我在搞笑嗎？我們怎麼做到和形形色色的觀眾溝通？觀眾在意的面向又不一樣，我們希望每個人都能各自採取行動。我們不能同時與所有人溝通。或者我應該修正說法：如果我們這麼做，十之八九不會成功。

我們應該縮小觀眾範圍來達到溝通的目的。這是一個過程，更具體地說，我們可以採取兩個步驟：把時間範圍縮小到現在，然後確定有權力決定的人是誰。

所謂**把時間範圍縮小到現在**，我指的是在當下的時間點上必須與誰溝通。走到最後，被列出的所有團體都可能關心我們定價產品的方式，但他們不一定在這個時間點有興趣。所以只須考慮當下的觀眾。既然產品還未進入

市場，所以可以剔除外部有利害關係的各方。現在我們尚未決定產品的定價，所以財務和銷售部門還不用傷腦筋。東刪西減，結果只剩下董事會和領導層。把時間範圍縮小到現在，有助於我們聚焦於較小群的觀眾。

接下來，在已經縮小的觀眾中**確定誰是決策者**。我們的目標是替產品定價。董事會不做這個決定，所以名單會刪掉董事會，這麼一來就只剩領導階層。這群人裡，每個人都可能對產品價格有強烈興趣，並提出自己的看法。但他們並非每個都負責做決策。最後拍板定案的決策者將是產品負責人和執行長。我們成功地將觀眾從整個世界（如果不是這樣，至少是很多人）縮小到兩個具體的觀眾。達陣！

適應虛擬環境

線上虛擬會議已成許多組織的常態。這種會議形式會帶給我們全新與獨特的方便，也是一大挑戰。以前的實體會議礙於辦公室空間，可能是小型的圓桌會議，而今虛擬會議可讓更多人輕鬆加入，導致與會人數大幅膨脹。若邀請名單愈來愈長，不妨考慮把規模縮小。你有能力邀請所有人與會，不代表應該這樣做。若你無權決定人數，而人數又過多，你得考慮目標觀眾的優先次序，並精心設計攻略，成功地向一群形形色色的觀眾傳達訊息。

退一步說，當我們計畫有效地與虛擬環境的觀眾溝通時，其實與實體會議並沒有太大差異。有些方式清晰易懂，可優化我們在虛擬環境展示的資料，我們將在製作內容章節中進一步說明這點。此外，設備和傳達方式也大不同，我們將在第九、十和十二章探討。

這種刻意縮小觀眾範圍的過程，可減輕我們身為溝通者的工作難度，畢竟觀眾人數變少，我們需要顧及的性格／行為類型、與會者個人的切身問題等等，也會跟著減少。若可以把觀眾人數變少些，放手做吧。在其他情況下，你可能面對一群各色各樣的觀眾，亦即你必須同時與多位人士溝通。接下來我們就進入這個問題。

面對各式各樣的觀眾

當有人說他們必須與不同的觀眾溝通時，我想到的就是領導高層、指導委員會、員工、客戶、會議與會者……這個群體。這個局面很棘手，要同時面面俱到滿足不同的需求確實困難。儘管如此，有些事你絕對做得到，可為成功溝通打好基礎。現在我們來討論幾個你能善用的策略。

承認──並大聲說出──差異何在。首先承認觀眾有不同的觀點與需求。在會議或演講現場，直指各式各樣利益混合起來構成的挑戰。制定周密的計畫，列出自己如何解決觀眾不同的偏好。例如，如果我對著一家公司的指導委員會（由該公司各部門派代表組成）報告一個專案提案，堅持講大局而不談細節，可能是合理的做法。但是如果我知道有些觀眾想要知道更多，我可以明白告訴觀眾：「我今天的重點是抓大放小。湯姆，我知道你希望我詳細說明；我很樂意事後和你坐下來一一討論。」甚至更好的做法是，提前與湯姆見面，滿足他想要的細節，這樣當大家一起開會時，你就不會失焦。

若是在會議的講台上，你可以先向大家解釋，藉此定調觀眾的預期心理，說：「我知道與會者對我要講的主題已有程度不一的了解。我一開始會先花很短的時間介紹一些基本概念，然後再快速剖析更細微的差異。」這等於提前告訴大家，你注意到他們的需求，而且他們的需求會在演講結束前得到回覆。

　　找出互相重疊（有交集）的領域。與之前的策略剛好相反，不是思考人與人或群體之間的差異，而是找出相似之處。是否有個共同的目標或痛點，可以將一群人團結起來？或牢牢錨定你要討論的內容？在這個階段，「核心想法表」（Big Idea worksheet）有時還算是實用的工具，我們將在第二章深入探討。最值得考慮的部分應該是觀眾的利益在哪裡？如果觀眾是各式各樣，不妨想想什麼對每個成員或群組而言最重要。找出互相重疊的領域，可以幫助你妥善應對。找出觀眾一致關切的主題，讓他們站在一致的起跑線上，利用它吸引觀眾的注意力，然後激勵他們採取行動。

為不同類型的人設計角色

　　面對人數眾多的各式各樣觀眾時，有時設計角色可以幫助你分類你在演講時可能碰到的五花八門觀眾以及因人而異的觀點。你可以根據他們的願望或動機進行人設，但通常這意味概括觀眾。我精心設計了角色 A，在故事中扮演某種角色或具備某種個性特徵（明確地描述）；他有一套和其他人類似的偏見，一一列出；他習慣關心 A、B 和 C；以及他最可能質疑 X、Y 和 Z。如果觀眾共有一百個不同的人，你不可能一一為每個人設計具備這麼多面向的角色。但是如果把觀眾分組，把背景類似的人分到不同的小組，你就不至於不知所措，兩手一攤認輸地說：「算了，我招架不了所有人。」透過分類，把類似的人分到不同的小組，你會顧及到不同的觀點和偏好，有助於提升因應的能力。一旦你完全了解主要的幾個角色，再根據他們的個性特徵與要求制定策略，想出溝通的最有效方式。

找出一樣跟每個觀眾都有關聯的東西。要找到大家有交集的地方，方式之一是向每個人展示與其相關的東西，而這「交集處」可以與更大的群體進行比較。就拿之前提到的公司員工調查為例，只是這裡稍做變化——假設我們必須向整個領導團隊報告調查結果。我可能會放入一張表格或圖表，顯示調查有趣的部分——例如，依照每個領導人主責的領域，細分出各個不同主題（項目）並予以評分，並將分數加總起來。這為每個領導人提供類似的對照背景：他們可以看到自己部門的表現 vs 其他部門，以及自己部門 vs 整體公司的表現。結果可能會出現有些項目一直維持高分或低分，這些資訊可以再進一步分析或拿來開展一場有意義的討論。

如果你參加過大型正式會議，講者在螢幕上秀出觀眾的人口分類統計表，或是分享觀眾即時投票的結果，其實性質都差不多，就是找出大家都覺得和他有關的一件事，這樣才有參與感，也比較有意願關注接下來的內容。

口頭表達爭取觀眾的注意力。講話時，對象若是成員形形色色的團體，沒必要讓每個人都全神貫注。當你想確定某個人或某組人是否注意聽時（尤其是你可能講到與這個人或這組人不太相關的東西，導致對方開始心不在焉時），不妨大聲叫出他（們）的名字。例如，假設你的溝通對象是有多種類成員的指導委員會，我可能會說：「珍妮，妳應該會想聽聽看這一部分，因為它牽涉到你的小組。」若是在會議發表主題演講，我可能會對觀眾宣布：「在座的經理們，接下來要講的攻略是你們想傳授給轄下的團隊。」透過聲音提醒觀眾，確保該注意聽的人有在聽。

無論你採用或整合哪些策略，當你面對成員形形色色的團體時，反問自己：成功是什麼樣子？若遇到這類團體，坦誠回答你可以合理地完成哪些目標？哪些部分應該被拆出來，另外和一群更有針對性的觀眾分享？無論是與一個人打交道，還是與一個小團體溝通，或是對著一大群形形色色的觀眾演

講，你都必須採取適當的步驟，進入他們的腦袋，了解他們的需求。接下來我們就來解決這個問題。

了解和評估你的觀眾

你可能認識你的觀眾。也許以前曾與他們交流溝通過。但你是否曾停下來，花時間審慎評估他們的優先事項、偏好和要求？牽涉到高風險時，這是值得花心力進行的任務。

有一些針對你個人情況的問題也很重要，只不過沒有列在這裡，以下這些問題算是開端，有助於你進一步了解溝通的對象：

- 他們關心什麼？是什麼給他們動力？
- 是什麼讓他們感到害怕，或者讓他們夜裡失眠？
- 是什麼激勵他們？是什麼導致他們想要付諸行動？
- 是什麼阻止他們行動或讓他們猶豫不決？
- 他們喜歡什麼？什麼讓他們開心？
- 什麼讓他們感到心煩或不開心？
- 他們聽誰的？是什麼影響了他們？
- 他們對你有何看法？你在他們眼中有公信力嗎？
- 他們為什麼會支持你？（在一個由形形色色的人組成的團體中，**誰**可能支持你？）
- 他們為什麼會拒絕你？（在一個由形形色色的人組成的團體中，**誰**會拒絕你？為什麼？）
- 他們有什麼偏見？

* 有什麼因素箝制他們？

* 他們如何衡量成功？

用繪圖和腦力激盪進一步了解觀眾

　　拿出一張白紙和文具快速完成以下練習。把紙橫放（寬度大於高度）。想像一下其中一名觀眾的模樣，然後把他畫在紙的中央，在兩邊留出空白。你的圖提醒你所做的一切是為了某個人。

　　不擅長畫畫也沒關係。人可以簡單到只有一張臉或一根火柴棒（當然，你若喜歡更有創意，就放手畫吧）。在這幅大作的下方加上這個人的頭銜。如果是某個具體人物，就寫下他們的名字，或寫下「支持下屬的經理」或「猶豫不決的客戶」等概括性描述。

　　在圖畫的左邊，寫下文字或短語，說明這個人為什麼可能支持你。哪些事比較輕鬆容易？哪些地方他們會同意你的觀點？在圖畫的右邊，列出對方可能抵制你的原因。他們對哪些面向抱持偏見或懷疑？你提出的哪些要點他們可能有異議？想辦法進入這個人的腦袋，了解或臆測什麼原因能讓他們產生和你一樣的感受。

　　當你完成上述步驟，把全文讀一遍，然後細思：鑑於你的溝通方式可能幫你爭取到想要的支持，也可能讓你遇到阻力與抗拒，你該如何做好萬全準備以求成功？

如果我不知道我的觀眾關心什麼怎麼辦？

　　別忘了，這一切是讓我們透過仔細思考與計畫，找出與觀眾溝通的最佳方式，並考慮到觀眾的需求，讓觀眾能理解和接受我們要傳達的訊息。但是

如果我們**不了解**我們的觀眾怎麼辦？我們如何調整我們的做法以滿足他們的偏好？以下提供一些協助你了解不熟悉觀眾的策略。

與觀眾交談。若事前有機會直接接觸觀眾並談話，務必要抓住這溝通機會。雖然並非每次都可行，但如果可行時，不妨善用機會。趁著交談提出問題，努力了解他們以下的需求：他們關心什麼？什麼會激勵他們？什麼會讓他們害怕？如果無法提前與觀眾建立聯繫，在演講之前或演講期間，找機會直接了解他們的偏好。利用演說開始前的時間，與他們聊天，問他們問題。或者在演講的一開始，開啟討論模式，藉此發現與會者的期待。利用這些資訊，再搭配你慎選的遣詞用字以及駕馭內容的方式，與觀眾產生共鳴。

與了解觀眾的人交談。若你不能直接與觀眾交談，想想是否有認識他們的人，若有，改和他交談。這人可能是與觀眾一起工作的同事或合作對象，或是之前與他們溝通成功（或不成）的人。與這些人談談，從他們和你觀眾交流的經驗，汲取寶貴看法。

與和觀眾差不多的人交談。面對利害關係人，你最不熟悉他們哪個面向？他們是否擔任你之前從未溝通過的角色或職位？還是他們的專業水準已不同於之前？他們是否在一個你不太熟悉的產業工作？找到一個你可以交談的人，他可以提供你類似於觀眾的觀點或其他有用的背景。

收集關於觀眾的數據。在某些情況下──例如，如果你的溝通對象是買公司產品或服務的潛在消費者，你或許可先進行市場調查，進一步了解目標觀眾。除了市調，其他收集數據的方式包括試產或進行 Beta 測試，了解消費者使用自家公司產品的心得，並收集他們提供的動機回饋。如果是正式會議的演講，可要求主辦單位提供與會者訊息。許多會議策畫人會提供有關產業、公司和角色的整體數據，這樣你就可以了解觀眾背景了。

閱讀關於觀眾的訊息。如果你溝通的對象是知名人士、公司或組織，先上網搜尋資訊。瀏覽他們的網站與社群媒體，看看他們最近的徵人廣告，以及閱讀相關新聞報導。即使你的溝通對象是個人或團體，這麼做也會讓你深入了解企業組織的文化，可幫助你建立架構。

上述所有行動，如果你礙於時間不夠或其他原因，一個也沒做，那麼你只能靠假設：包括觀眾看重什麼，以及能用什麼方式有效地將訊息傳達給他們。如果只能靠假設，要抽絲剝繭分析觀眾與你有何不同。我們溝通時，往往慣性地認為對方和我們的偏好與看重的事情一致。其實不然。你必須清楚他們可能會在哪些地方與你不同調。這有助於你在表達需求時，會顧慮**他們的目標**。

確定自己的假設並讓假設接受壓力測試

任何時候，只要你做出假設——無論是針對你溝通的觀眾還是為了其他專案、分析或溝通，都必須與同事討論，請他們幫你把關確認，並請他們提出關鍵問題，讓你的假設接受壓力測試。如果你的假設有誤，是否會改變結果？會有何改變？在某些情況下，錯誤的假設不會造成實質影響，但在其他情況下，錯誤假設可能毀了一切，甚至讓你的公信力受到質疑。所以留意自己是否在做假設，若是，盡可能讓它們無懈可擊。

盡力了解觀眾，若是不熟悉的觀眾，確實需要時間。但若事涉重大利害與風險時，值得你付出努力，你可以根據觀眾的喜好客製化你對他們的溝通方式。接下來將探討如何因應這個挑戰。

根據觀眾需求量身定做溝通方式

你為目標觀眾量身定做溝通方式時，需要考量的重要層面包括：一般的做法、編製的溝通內容、舉行會議的環境。以下我列出一些問題，可以幫你就每個層面定調具體細節。這些問題主要是從一個觀眾或小團體的角度出發（而不是有許多人的大型會議，儘管你也可以考慮進去）。這不是全都包的完整清單，而是一些幫助你踏出第一步的想法。

一般做法

- **觀眾希望用什麼方式進行溝通？** 他們偏好親自與會、視訊會議，還是透過電話或電子郵件溝通？
- **規畫要多長時間比較好？** 你應該速戰速決以因應觀眾繁忙的節奏？還是你希望他們能慷慨地撥出時間？
- **你如何建構對話框架以達最佳效果？** 觀眾是否希望你先介紹相關背景，然後再闡述你的主要觀點？還是希望你直接回答「這有什麼意義呢？」之類的問題？

溝通內容與素材

- **你需要使用多正式的語言？** 觀眾是否希望你的投影片精心設計？或是更輕鬆的對談比較合適？
- **他們希望如何接收訊息？** 希望你提前發資料給他們閱讀，然後開會時直接討論問題？還是希望你在指定的開會時間內包辦講解與討論等一切工作？
- **你如何才能最有效地分享訊息？** 觀眾希望看到螢幕上的幻燈片資料？還是希望你印出講義讓他們方便翻閱與記筆記？

- **他們關心的重點可以細化到什麼程度？**觀眾是堅持大局為重？還是想了解全部的細節？
- **你會加入數據和圖表嗎？**你的觀眾是否重視或希望看到數據？他們接受還是排斥圖表？你應該堅持基本簡單路線，還是涵蓋複雜的內容也可以？

環境

- **你們選在哪裡開會？**觀眾希望你到他們的辦公室？在會議室開會？還是邊走邊談？如果是視訊會議，他們喜歡用什麼軟體？
- **一天中哪個時間最適合？**對方是否早上精神奕奕，午餐前不耐煩，還是在特定的例會後常覺得沮喪？
- **你應該讓其他人參與會議嗎？**你覺得自己單獨上陣效果最好嗎？是否有必要邀你團隊的成員、組織中其他部門的支持者，或是有影響力的人與會？他們的參與能否確保你成功完成溝通？

當你停下來思考這些問題，可在規畫溝通內容時，針對觀眾關注的不同面向量身定做。你無法次次優化上述每一個元素，但做到的愈多，效果愈好。正如我們在本章一開始的討論，當你滿足觀眾的需求，你就會把自己放在一個有利的位置，讓自己的需求也得到滿足。

接下來看看如何應用剛剛提出的辦法。

考慮你的觀眾：TRIX 個案研究

在此我將介紹一個場景，這場景會在本書反覆出現，好讓你看到各個規畫階段的進展，以及他們如何彙整成報告素材，以及你如何利用真實世界的模型進行準備並發表出色的演講。這個場景是出於實際個案，為保密起見，細節做了些更動。

假設我任職於一家市場研究公司，負責收集和分析與消費者偏好相關的訊息。我剛被委任領導一個客戶委託的專案，客戶是一家知名食品製造公司諾許。如果這次試點專案進行順利，諾許公司將與我們公司建立長期合作關係，亦即負責對諾許所有產品線進行市場研究。換句話說，這次專案的重要性與風險都很高。

諾許為了降低生產成本，有意重新調整受歡迎的 TRIX 配方（TRIX 是一種綜合果豆零食包）。我和研究團隊一起分析了諾許的市場競爭態勢，並深入研究目前 TRIX 綜合果豆零食包的各個面向，包括設計、執行、並分析一系列測試數據的結果，希望了解消費者對替代配方和包裝的偏好。靠著團隊幫忙，我完成報告的內容與方式——幻燈片示範，我將向諾許展示我們團隊的發現和建議。

我的最高目標是讓來聽我報告的對象加入討論，讓他們決定要改變（如果有的話）TRIX 哪些成分和包裝。此外，我希望他們對我團隊的工作表現留下不錯的印象，才會願意建議諾許高層改和我們公司合作。

一開始先確定目標觀眾的優先次序。是否改變 TRIX 綜合果豆的配方？不管結果如何，很多人都會受影響：包括任職於諾許不同部門的員工，甚至是諾許之外的人（如果我們把供應商和消費者也納入的話）。然而，這階段的溝通，我們不需要考慮與 TRIX 相關的所有團體，那些人會在後續以其他溝通來解決。

如果我將焦點縮小到現在（當下）以及做決定的人，我應該將目標觀眾限縮於諾許直接與我接洽的團隊，雙方一起負責這個專案。諾許團隊是一個形形色色的群體，每個人都有獨特的性格、觀點和利益考量。我們來分析一下這個團體的每個成員。

凡妮莎是諾許的產品部主管，負責的產品線包括 TRIX 綜合果豆（亦即這個試點專案的主角）。她正是委託我們公司進行市場研究的人，也會是未來支持持續合作的關鍵人（如果她深受我簡報內容吸引）。一方面，她似乎無意改變 TRIX 這個挺過時間考驗的強大商品，所以立場猶豫不決。但她也明白，TRIX 裡有個主要成分的成本不斷上漲，所以目前的配方難以為繼。她非常在意改變配方可能對消費者心理和 TRIX 成功奠定的品牌地位造成負面衝擊。

麥特是凡妮莎的首席助理。他一直是整個專案進行過程中，與我聯繫的主要窗口之一，不僅提供方向，有時候也讓我洞悉凡妮莎的偏好，以及如何才能最有效地與她合作。麥特在諾許公司雖是新人（他在這個專案開始前幾周才開始到諾許上班），所幸他很快就上手，而且他之前的工作曾與凡妮莎合作過，得到她的信任。透過讓他了解最新進度以及我的決策方向，也許他能夠影響凡妮莎，讓她做出有利我們的決定。

傑克是部門的財務長。他個性強硬，密切關注數字和成本（只要他在場）。他的工作很忙，召開專案會議時，他常錯過或姍姍來遲。他若無法與會，會派夏農代表財務部門出席。夏農話不多，但傑克與會時，他非常注重細節，而且要求迅速且清楚地回答他的問題。因此我們在正式報告登場前，做了萬全準備，包括提前分別與傑克和夏農會面，提供所有細節，掌握傑克的觀點，並充分回答所有問題。傑克對整個專案的看法將影響諾許是否繼續

與我們公司合作，所以得到他肯定的評價至關重要。

萊麗是 TRIX 品牌的行銷副總裁，她很可能會抵制改變，以免影響她團隊累積的行銷資產（marketing assets）。反對項目包括改包裝，因為這決定可能導致一些行銷宣傳品過時必須淘汰，影響所及，他們得增加工作量，另外設計全新的廣告宣傳品。

查理是 TRIX 產品線的客戶滿意度經理。他擔心改變，因為 TRIX 配方長期以來被認為是神級組合，而且在市場的好感度名列前茅。查理似乎是這群人中最求穩健的一位，不喜冒險。我需要讓他對我們所提的專案放心，也必須審慎思考如何建構我對改變所提的建議，特別是還無法充分掌握市場消費者情緒的情況下。

艾比和塞蒙是諾許研發小組的感官科學家。由於他們團隊的人手與資源有限（他們的工作以開發新產品為主，而非改版現有產品），凡妮莎才會委託我們公司做市場研究。雖然我擔心會有侵入對方業務範圍的問題，但這並未發生。艾比和塞蒙反而各自提供我們一些有用的指導，顯示他們支持我們的工作。他們也替我們的方法論把關，確保能與諾許研發團隊的內部流程保持一致性，我在整個專案進行的過程中，與他們密切保持溝通，希望已經確保了這一點。

顯然，這個團體的成員各有不同的願望和目標。雖然他們各自有不同的關注點，但都非常希望 TRIX 綜合果豆一如往日的成功。兼顧消費者情緒和製造成本將是該團體高度關注的課題。我會善用這個共同點創造促進討論的條件，並簡報各種選項，希望精心安排的架構能成功促進有成果的討論，讓大家最後做出明確的決定。

老實說，我們團隊在這個階段的工作好得沒話說，現在就剩如何說服

諾許的客戶群。目前為止，我已和其中幾個人會晤，對他們有一定的認識與了解。這個團體的每個人都是我簡報的對象，其中幾個明確支持我們的盟友提供深入見解與寶貴意見，進一步指導我們如何調整與改善簡報的方式和素材。我對全體客戶群的最後一次演示已安排在三周後。

　　目前為止我們做到了考慮觀眾。接下來我們將把注意力轉向簡報的訊息。

第 2 章

構思訊息

你已確定目標觀眾，了解他們的需求。接下來順理成章要問：**你想傳達什麼？**

很多時候，我們沒有停下來思考這個問題。我們完成專案計畫，決定簡報的主題，然後埋頭開始編寫內容、製作投影片或指示他人代勞。但是如果我們不能簡明扼要闡述自己的觀點，又如何能整合要傳達的訊息呢？這是個艱難的工程。

面對這種情況，該如何克服？你可以用一句話簡要地陳述關鍵訊息。這有助於在專心設計內容時，更能堅定自己的立場。

我們將簡要談一下三分鐘故事，並深入介紹「核心想法」（Big Idea），這兩個工具可以讓你在精心設計溝通內容時如虎添翼。一個清晰明確的訊息可幫助整個流程更加順暢，從計畫、準備內容、與他人溝通，乃至如你所願獲得觀眾關注和影響觀眾的行動。

現在來討論一下這些概念是什麼，以及如何應用它們，然後我將舉實例說明。

我的觀眾應該做什麼？

當你準備與對方溝通時，先確定你希望對方做什麼——你希望他們接下來會有什麼具體行動。行動本身有許多不同的形式。包括參與討論，權衡選項的利弊，對某個想法做出回應，或是做決定。這也是報告時經常美中不足之處。我們花大把時間彙整內容，灌輸觀眾大量訊息，卻從未想過我們希望他們該有什麼實際作為？你投入的努力希望能對哪個具體的行動產生影響？如果你不能清晰地闡述希望觀眾有什麼後續行動，你一開始就該考慮是否有必要進行溝通。

設計你的三分鐘故事

簡介一個專案或進度時，講一個簡化濃縮版本的故事非常有用。三分鐘故事正好能派上用場。如果你只有短短幾分鐘的時間告訴觀眾他們所需的訊息，你該說什麼？在這個精簡的濃縮版本中，你必須涵蓋關鍵訊息，這點至關重要。同樣重要的是，要充分了解哪些細節可以被省略。在你遇到利害相關人士（例如，在電梯裡偶遇或視訊會議裡第一個出現的人），三分鐘故事非常有用，可以讓你快速掌握最新進度或獲得一些回饋。或是當你在會議上分配到的時間被限縮，三分鐘故事也非常實用。

如果你已經完成一個簡潔的版本，代表你知道自己要講什麼。你了解你的故事內容。你可以讓它配合指定時間。還有一個效果——三分鐘故事會減少你對投影片的依賴。

三分鐘故事的一個關鍵字──故事。我們將在第四章深入探討。現階段，我們給它一個簡單的定義：有情節、有轉折、有結尾的內容。在你的三分鐘故事裡，情節是你為觀眾設置的背景，讓他們做好準備，接受你要傳達的內容。轉折概括了有趣或出乎意料的部分，或攸關理解的全新訊息。結尾是呼籲觀眾有所行動：你希望觀眾聽完你分享的訊息後應該有什麼行動。簡略回顧一下上述要點。以下是三分鐘故事的 1-2-3：

1. **情節**：你為觀眾設置的背景
2. **轉折**：觀眾須知道的新訊息
3. **結尾**：你希望觀眾採取什麼行動

寫出包括這三個要素的三分鐘故事對你幫助頗大。接著大聲朗讀全文，然後去蕪存菁，讓故事更完整（我們將在第九章精進簡報，更詳細地討論大聲練習的重要性）。本章稍後會分析一個故事範例。

你的三分鐘故事一旦完成，就成為一個參考錨點，你再根據需要看是否得擴展或壓縮故事（這兩個額外工作同樣重要）。若你想擴展故事長度，可與同事討論你的專案計畫，聽取回饋；或與注重細節的利害相關者先來場非正式對話；也可在規畫該用什麼方式溝通或報告工作成果時考慮是否加長故事。在第三章和第四章，我們將探討如何擴展故事長度，透過腦力激盪（集思廣益）練習，挖掘潛在可用的內容，在故事板（storyboard）組織故事框架，然後形成精彩的劇情。

在擴展故事之前，我們先練習如何壓縮故事。我之所以先介紹三分鐘故事的概念，係因把整個劇情濃縮到單一句子是相對比較困難的過程，這正是我們接下來要做的事。

構思核心想法

還記得我在本章一開始點出的問題嗎？我們經常在尚未確定目標之前就使用工具，埋頭構思內容。核心想法就是所謂的終極目標——你想傳達的關鍵訊息。把核心想法看成指引方向的北極星，引導你寫出替自己溝通加分的內容。一旦你完成核心想法，彷彿就有了內建的石蕊試紙，用來測試你考慮納入的內容是否合宜：這內容能否成功傳達我的核心想法？

我第一次在南西・杜爾特暢銷書《簡報女王的故事力》讀到核心想法，把它稍加改編後用於研討會，多年來已與成千上萬的人一起教授核心想法的概念，並練習如何構思與應用它。核心想法是我們傳授的最重要的概念之一。

核心想法應該做到以下三點：

1. 清楚表達你的觀點，
2. 傳達牽涉到哪些得失與利害關係，
3. 必須是個完整的句子。

以下一一分析這三點。

清楚表達你的觀點

這一點鼓勵你具體表達你對某事的看法。我有時看到一些人因為受限於一句話的篇幅，掉進以下的陷阱：對核心想法的表達過於籠統空泛。例如：「我們得改善作業流程以便提高利潤。」雖然沒有人會反對這種說法，但這說法其實沒有意義，因為過於抽象，缺乏具體或吸睛的細節。若想成功，你應該往另一個方向發展——讓這句話更具體。例如：「先解決我們銷售過程

的這個痛點，估計可以保住的潛在客戶可以上調 10％，確定他們不會因為銷售過程而選別家，這可讓我們增加三十萬美元的利潤。」

可根據不同的情況和觀眾，重新調整用字或提出明確的行動，讓上面那句話更清晰具體：「請批准這筆開支，以解決銷售過程中的這一痛點，此舉能保住在銷售過程中會選別家的潛在客戶，進而提高我們的利潤。」

傳達牽涉到哪些得失與利害關係

核心想法的目的之一是傳達會涉及哪些得失與利害關係，不過講的並非你的得失與利害關係，而是你的觀眾有何得失。這往往意味典範轉移（paradigm shift），因為你更習慣從你的視角而不是從觀眾的視角，解釋為什麼大家應該關心這個問題。針對你的觀眾，定調你的核心想法，亦即聚焦於對觀眾而言最具吸引力的內容。這個吸引點通常被稱為價值主張（value proposition），用來回答「為什麼觀眾應該聽你講話」的核心問題所在。把我們在第一章討論的觀點（考慮觀眾的需求）清晰地帶入要傳達的訊息裡。

你可以用正面或負面的框架表達觀眾會有哪些得失或利害關係。**正面框架**聚焦於觀眾可以受益什麼，或是如果他們按照你的建議行動會得到什麼好處。**負面框架**則相反。如果他們對你的建議**不予理會**，他們會損失什麼，或是會承受什麼風險？以下這個思考練習，有助於你弄清利害關係，我經常鼓勵觀眾想像最壞的情況：若你的觀眾不按照你的建議行動，導致 X（不好的結果），進而導致 Y（更糟糕的結果），最後導致 Z（絕對的災難）。一旦你跌到谷底，遇到最糟糕的結果，必須考慮做多大的調整，以適應所處的情況。若是採取正面框架，也是同樣的做法。最後決定哪一個更適合你的觀眾和現況。

必須是個完整的句子

核心想法不是清單整理包或半成品想法；而是一個完整的句子。不過，也許更具挑戰性的是，它還必須是簡潔的**一句話**。雖然寫出或說出一個完整句子聽起來很簡單，但若是你熟悉之至的工作，這通常很困難。但這努力非常值得。

受約束的好處

時間有限、工具有限、空間有限。大家常認為這些是強加在他們身上的負面力量。但我鼓勵你重新調整視角：受約束可孕育創造力。自我施加的限制，例如用一句話表達核心想法，或是受制於便條貼的有限空間（我們即將討論到），可以幫助你用嶄新方法解決問題。要想了解更多細節，請參考播客 storytelling with data 第五集，主題是《受約束的好處》（the beauty of constraints），網址是（storytellingwithdata.com/podcast）。

僅能用單句（儘管這是任意而武斷的規定）是很重要的限制。首先，當你只能使用一個句子表達想法，你必須去掉細枝末節。由於篇幅有限，你必須狠心的確定內容的優先次序。這種做法有助於你專注於關鍵訊息。由於長度受限，每個字都很重要。亦即當你寫寫改改，並納入回饋意見（我們很快會詳細討論這一切），可能會發現自己反覆地替換用字或改變措辭。雖然有時你會覺得精修或美化文字有些浪費時間，但這個過程是幫助你釐清思路的重要步驟。

有個利器可協助你寫出俐落傳達訊息的一句話——「核心想法表單」。

核心想法表單

當我第一次受邀在工作坊講授核心想法時，先簡介什麼是核心想法，並舉幾個實例，然後要求與會者針對某個具體的溝通需求編寫「核心想法」。結果效果還不錯，但我發現與會者有時會陷入糾結。所以我設計了一種更好的辦法：核心想法表單。這個表將核心想法分成幾個部分，並在每個部分提出有針對性的問題。你回答了每個問題後，只需像拼圖一樣，把它們拼在一起，形成有意義的清晰想法。

如何使用「核心想法」表單？其實很簡單。把你正在進行的一個專案拿出來，這份專案需要你向觀眾報告或溝通一些訊息。你大約花十分鐘完成這張表單，核心想法的初稿就誕生了。靠這種分段方式起草核心想法，可以幫助你擺脫以自我為中心的溝通傾向，強迫你批判性地思考觀眾的需求。如前所述，這代表你要傳達的訊息不是圍繞著你認為觀眾應該怎麼樣，而是圍繞著**觀眾**為什麼想這麼做。

我們馬上就會看到使用核心想法表單的具體例子。首先，讓我們回顧一些常被問到的問題。

與核心想法有關的常見問題

過去十年，我在主持的工作坊上，不斷講授核心想法的概念，並要求與會者當場練習。我遇到許多人提出與核心想法相關的問題，在此我將分享較常被提出的問題以及我的想法，並提供相關趣聞與小故事加以說明。

我無法用一句話說清楚，這時我該怎麼辦？我的回應是繼續努力，我沒有在開玩笑，而且你做得到。此外，若你做到了，會很有收穫。我重新說一遍之前的疑慮：如果你不能用一句話清楚表達你的想法，你究竟如何能整理出流暢的講稿，把訊息清楚傳達給觀眾？核心想法不會是僅有的溝通訊息，

核心想法表單

你正在進行的專案完成後需要和他人進
行溝通與交流。
思考以下問題並寫下你的回應。　　　　　專案名稱：_____

┌─ 誰是你的觀眾？ ──────────────────────────────────┐

(1) 列出你要與之溝通的主要群體或個人。　　(3) 你的觀眾在意什麼？

　　　　　　　　　　　　　　　　　　　　(4) 你的觀眾需要採取什麼行動？

(2) 如果你必須將範圍縮小到某個人，那
　　會是誰？

└──┘

┌─ 有哪些利弊得失？ ────────────────────────────────┐

如果觀眾聽從你的建議採取行動，有什　　如果他們不按照你的建議，會有什麼
麼好處？　　　　　　　　　　　　　　　風險？

└──┘

┌─ 提出你的核心想法 ────────────────────────────────┐

它必須要能：

(1) 闡明你的獨到觀點，
(2) 表明利弊得失，
(3) 用一句話完整表達你的想法。

└──┘

圖2.1　核心想法表單

你還會添加補充與輔助資料，亦即重要的額外細節。這是第三章的焦點。首先明確簡潔地表達你的主要訊息，就能讓自己站在一個大為有利的位置，協助你想出支持核心想法的內容，有效地將訊息傳達給觀眾。

如果你陷入苦戰——即使加了逗號和分號等提升創意效果的標點符號，還是無法把核心訊息濃縮成一句話，有幾件事可以嘗試。其中一個辦法是以多開始。盡可能地多寫一些句子，再進行篩選。這也是為何本章一開頭以三分鐘故事做開場。把一切精簡成一個單句的確很難。在你做到百分之百精簡之前（亦即濃縮到一句話），先高度濃縮內容，這時你仍然保留了一些背景資料，這是一個有用的過渡步驟。另一個辦法是分段式造句。使用核心想法工作表單，一次解決一個部分，然後加以整合。這種方法會讓一些不相干的訊息較難潛入。

用負面框架表達觀眾會有哪些得失或風險不是更有效嗎？聚焦風險當然是引人注目的方式之一，可刺激觀眾關注問題並加快行動。但是在有些情況下，負面框架可能不是最好的辦法。例如，如果是一個高度情緒化的情況，那麼你可得謹慎行事。

我想起我任職於 Google 時的一個場景，可以說明上述情況。每年，我們都會進行一次員工調查，詢問與工作和工作環境有關的各種問題，包括有一整個部分和管理層有關。

我負責耐心地對一位經理解釋調查結果。他的團隊成員對他的評價很糟，他得到的負面回饋不只反映在與管理層相關的問題得分偏低，而且還包括一些尖銳的評論。很難向對方溝通與表達這麼負面的回饋，而且過程肯定無法心平氣和，往往是情緒緊繃、理智線一不小心就會斷裂。如果我用負面框架進行溝通（「你有問題！」），我會讓這位經理懷有戒心，這麼一來將難以進行富有成效的討論。所以我強調正向的一面：告訴他獲得坦誠的回饋

有多難，但這些回饋對他非常有用，以及哪些資源可以幫到他。我這麼做的用意是我們可以花些時間檢討問題所在，並為初步行動計畫打好基礎。這是一次艱難的對話，但由於我提前考慮到框架問題，所以對我們兩人而言溝通都變得容易些。我一直把一件事放在首位：我的觀眾。

如果你不確定積極正向還是消極負向的框架比較有效，不妨考慮兩種框架都派上用場，然後深思哪一個更可能達到你預期的效果。如果仍然不確定，不妨找人商量。

還要注意，你個人可能有偏向使用積極或消極框架的習慣，這與你被認為是積極或消極的人無關，而是取決於什麼方式最能激勵你。我傾向於使用積極正向的框架，因為我的動力來自於讓他人開心。

這不僅僅是個人的傾向使然，組織文化也會影響你的選擇。我曾與參加工作坊的人士就這一點進行過一些有趣的討論。一般來說，組織的溝通方式會影響你使用哪種框架——積極正向（利益）或消極負面（風險），也影響組織其他人傾向接受哪種框架。在一次工作坊上，一位與會者描述組織文化的特色是一面倒地全力支持和合作無間。在場所有人都能簡潔地描述公司的核心價值。他們普遍認為，在這種情況下，對核心想法進行負面描述會適得其反。這麼想可能沒錯，但說不定也是一次機會，來一次「脫軌」也許能引起注意。總之沒有一個一體適用的正確方法，只不過你必須清楚自己採取什麼觀點以及做此選擇的原因。

如果觀眾不關心利害與風險怎麼辦？我曾與正在苦思核心想法的人對話很多次，發現他們在醞釀核心想法時，莫不努力解決一個問題。在每個個案，幾乎大家要克服的挑戰都是：他們太專注於**自己**覺得重要的事，而不是**觀眾**覺得重要的事。如果你把事情擺對位置，觀眾自然會關心與注意，因為你之故，這些事情已和他們產生關係與交集。

　　之前提到的建議是將事情推到最極端，有時這招還滿管用的，而且方向不論是積極正向或消極負面都有用。積極的方向可能是這樣：如果我預期的行動如願發生，接著發生了這件事（那很好）；結果，另一件事也接著發生（那太好了）。繼續往這個方向下去，直到你促成世界和平、拿到統治世界的地位等最終目標為止。若換成消極負面的方向，走到最後是世界末日的場景。這兩種結論有可能成真嗎？不可能。重點是邊練習邊學習，然後回到一個合適的立場或架構，妥善處理牽涉到的利害關係與風險。

　　最後這一點很重要。深思熟慮評估哪些是相關的事情，也必須避免對觀眾提出過於極端的結果。有一次，我做完核心想法的練習活動後，與一位參與者進行了對談，我們都有「啊哈！原來如此」的感覺。我暫且叫她凱特吧，她服務於一個審計團隊，一直努力想讓同事為區塊鏈及早預做準備（區塊鏈是一種數位帳本，用比特幣或其他加密貨幣進行所有交易，所有交易會記錄在這個公有鏈上）。凱特認為，除非同仁為未來做準備，否則整個審計業將陷入危險。她面臨的挑戰是如何讓別人聽進她的心聲。她向我宣讀她的「核心想法」，基本上是這樣說的（我改了一些用字）：「你會被時代淘汰，整個審計業注定會因為區塊鏈而終結；你現在必須採取行動，做好準備！」

　　不妨回想一下我對最壞情況所給的建議：將事情推到最極端。凱特做到了這點（整個審計業注定會因為區塊鏈而終結）。問題出在她沒有回到一個適當的立場或架構。整個審計業沒落，所有人失業，這根本不可能發生，所以沒人把她的話當一回事。我和她提到這個問題時，目睹她豁然開朗的「啊哈！」時刻，她終於明白為什麼自己沒有得到同仁積極的回應。

　　那麼該如何解決這個問題？我們討論了聲譽風險以及組織內部的看法，凱特認為這些可以更有效地表達審計團隊面臨的潛在風險，讓他們願意聽聽她的說法，並在短期內有所行動。

　　核心想法裡會包括數字嗎？核心想法之所以簡短，一大原因是強迫你去掉許多細節，包括數字。一般情況下，核心想法不會包含數字，除非這數字特別引人注目或具有黏性（容易記住），所以你應該把注意力集中在文字和想法上，而**非**數字。記得在我之前重寫的核心想法吧？我完全刪掉了數字，改而強調我希望觀眾採取的行動。這剛好讓我順理成章帶出下一個常見的問題。

　　我的核心想法應該包含行動嗎？如果你的觀眾在開完會或演講結束後走出會議室，他們記住了什麼？這是你在思考核心想法該涵蓋什麼內容時，可以幫助你的一種辦法。如果你希望觀眾採取行動（正如我們之前討論的，應該採取行動），那麼是的，它應該在核心想法內。不過請注意，這不像「我們發現了 X；因此你必須做 Y」這麼簡單。行動的形式五花八門，例如：所有利害相關人士開會討論、做出決定、權衡選項的利弊，還是理解問題所在。清楚地表達你希望觀眾採取什麼行動，並精心設計進你的核心想法。

　　我有一個以上的想法要表達給觀眾知道。我有許多東西要報告，我該怎麼做呢？大家比較可能只記住一兩個關鍵點，而非長篇大論。如果你希望觀眾採取諸多行動，辦法之一是擴大核心想法的範疇，讓它和觀眾產生交集：**我們需要對二十個行動項目按照優先順序進行排序，並指派由誰負責，以便……或者，如果關鍵倡議的預算沒有過關，我們恐有……之虞。**

　　你的觀眾可能記不得關鍵倡議，肯定也記不得這二十個行動項目。實際上他們也不須記得。必要的話，他們可參考輔助文件。重要的是，觀眾得記住你最希望他們做的事。重新架構核心想法時，要考慮他們必須記住什麼以及該採取什麼行動。注意核心想法的組織架構，以便順利完成這個目標。

　　我面對的是一群背景不一的混合觀眾，我該如何處理這個問題？正如第一章所討論的，一群形形色色的觀眾是有難度的挑戰。這群人各個關心的問

題往往不同，所以我們很難寫出一個滿足所有人需求的句子。不過，還是有幾件事可以做。縮小觀眾範圍，只聚焦於決策者。再根據觀眾關心的議題將他們分組，尋找有重疊的領域，並從有交集的共通點出發，進行溝通任務。然後為不同的觀眾分別制定核心想法，想想能否去異求同，形成單一的核心想法。

我概述在工作坊傳授核心想法時最常遇見的問題是，如何回答上述問題？以及當你構思自己的核心想法時遇到了其他問題該怎麼辦？辦法之一是找其他人一起討論。接下來我們要聚焦於回饋的重要性。

尋求回饋

一旦你花了時間擬出核心想法──無論是寫下來然後濃縮，還是應用核心想法表單，接下來的關鍵步驟是找人討論。在工作坊現場練習核心想法時，我對與會者下達的指令是：「夥伴們，你們的工作非常重要。對著分享核心想法的人提出大量問題，協助他們把訊息變得更清晰簡潔。」大家事後莫不驚訝於簡短的對話與討論竟能發揮奇效，幫助他們釐清思緒。

尋求他人的回饋極為重要，因為它可以幫助你走出自己的思維模式。當你長時間任職於某領域，你會累積大量的內隱知識（tacit knowledge）。如果只停留在自己的思維模式，很容易忽略他人會有不同的想法和假設。亦即你很容易傳達對你而言完全合理但對其他人卻完全陌生的訊息。這就是獲取回饋的重要原因之一。你要找的人不需要熟悉你的專案，反而因為沒有背景，他們提出的疑問對你才有助益。「誰？」「如何？」「那又怎樣？」等基本問題刺激你的表達兼顧邏輯與深思熟慮。此舉會讓對話有成效，讓你得到精闢的見解，有助於你進一步精煉核心想法。

在團隊的形式裡醞釀核心想法

當你作為團隊的一分子協作一件任務時，核心想法是非常好的練習。首先讓每個人獨立完成自己的核心想法，然後大家把想法寫在白板或放入共享文件夾裡（這對成員分散在各地的團隊很有效）。只要把不同的方法並列在一起，一眼就可看出大家的想法是否一致。

團隊成員花時間討論並形成總體核心想法（master Big Idea）。這個過程對於團隊有幾個好處：首先，所產生的總體核心想法可能優於任何一個個別核心想法，因為每個人對總體核心想法的見解和處理方式不同，所以可以從每個人貢獻的辦法、用字和短語中獲得不同的價值。其次，這個過程把每個人的想法都納入最後版本（總體核心想法），因此較易爭取他們對總體核心想法的支持以及責任感。最後，這個過程所討論的主題訊息含金量頗高，有助於團隊成員對於整體訊息和目標有更清晰的理解與一致的立場，也有利後續的合作。

接下來，我將用一個例子說明這些概念。

設計信息：TRIX 個案研究

讓我們重溫一下第一章結尾出現的市場研究劇情。

再次提醒各位一下，我的團隊接受知名食品製造商諾許委託，對他們廣受歡迎的 TRIX 綜合果豆進行市調，並提出如何修改配方，既可降低成本，又不影響消費者的買氣。我們剛完成了專案，正在準備向客戶團隊（client team）的報告內容，概述我們的市調結果和建議。我們希望的溝通結果是：雙方在獲悉充分資訊後進行深度討論，並敲定 TRIX 的成分和包裝該做哪些改變。我們希望能讓客戶團隊的高階人士留下深刻印象，以利他們支持諾許

在未來改而和我們公司合作。

我首先概述這個情境下總體故事的要素——情節、轉折和結局。

1. **情節**：由於 TRIX 成分的成本不斷上升，必須修改配方。
2. **轉折**：兩個替代性配方經消費者測試，反應都不如原來的配方。
3. **結尾**：還有其他不錯的選項可納入考慮；我們可進行討論並確定後續步驟。

根據上述三個要素（加上我現在要告訴你的一些額外細節），我完成以下三分鐘的故事。

　　廣受歡迎的 TRIX 綜合果豆的關鍵成分是夏威夷豆，但這堅果的成本不斷上升。諾許公司委託我們為產品變更配方提供建議，希望在不影響消費者買氣的情況下降低成本。我們徹底分析綜合堅果零食市場的競爭態勢，並進行一系列研究，包括設計問卷、執行問卷調查，以及分析一系列的測試結果，藉此了解消費者對於 TRIX 原始配方與包裝等各個面向的偏好，並拿來對照於替代配方和新版包裝。

　　說到改變成分配方，沒有一種替代配方獲得與原始配方一樣高的分數；但仍有其他不錯的選項值得考慮。我們相信，另一種組合沒有經過直接測試但吸收了其他改版的優點（這些改過配方的選項悉數經過測試），無論是降低成本還是獲得客戶高度肯定，均是勝出的組合。不過你的風險承受能力將影響你的決定。

　　有數個替代選項讓你權衡利弊。若不想影響消費者的情緒與購

買意願，諾許可以繼續保持目前的配方。但考量到目前和未來的原料成本，若繼續目前的配方，諾許必須提高售價，但我們沒有信心市場會買單。另一個選項是，諾許可以直接改用我推薦的新配方，亦即減少澳洲堅果用量，改而添加椰肉脆片。這有風險，因為它沒有經過明確的測試。另一個選項是進行更多的測試和分析，完整評估這個我們推薦的新組合（或其他替代選項）的優劣，儘管缺點是需要額外的成本和時間。

我們也對產品包裝進行了研究和測試。我們偏好的一個選項是：在包裝上開一個可以直接看到產品的透明視窗。我們知道，當涉及到改變產品的包裝外觀時，會有行銷方面的考量。然而，有了視窗，消費者的購買意願會提高。改變包裝外觀，有可能幫助產品吸引更多的消費者，而且增加生產成本只是短暫現象而非長期現象。

了解上述這一切，我們開始討論並交換意見，然後確定下一步要往哪個方向。

我將在第三章擴展這個三分鐘故事，屆時我將用腦力激盪法集思廣益，填入詳細的故事內容。在這之前，訊息會濃縮至清晰簡潔的一句話：核心想法。

說到關鍵訊息，需要決定某個你推薦的選項要被力推到什麼程度。在決定用什麼方式傳遞訊息時，這是一個值得考量與斟酌的問題，畢竟它關係到我們如何架構核心想法。是簡單地給出菜單，上面列出各種潛在的選項且不附上任何偏好？還是力推我們個人認為最好的一個選項？

不妨把這個問題應用到 TRIX 這個個案上。一個選項是簡單地概述 TRIX 綜合果豆的各種潛在組合與變化，供客戶群參考，然後讓他們自行討論並做出決定——類似於我的三分鐘故事架構。另一種選項是，我可以就我

認為他們應該採取的行動提出明確建議。這兩種選項各有其優缺點，哪個方法較合情合理，端視情況而定。

由於攸關能否拿下諾許這個客戶未來的委託，所以事涉重大利害關係，我希望作風大膽一些。我根據自己在這個領域的專業知識，以及靠著團隊扎實的市場研究，決定向客戶提出各種選項，同時也明確建議他們該採取哪個行動方案。這有點冒險，但考慮到如果一切順利的話隨之而來的龐大收益，我決定這是值得一搏的賭局。

公開分享我的核心想法之前，我鼓勵大家回想一下核心想法表單（圖2.1），然後根據所處背景與情況，思考自己該如何回答表單上的所有問題。你花些時間思考之後（也許還做了一些筆記！），請參考圖 2.2，這是我完成的核心想法表單。

我把自家市場研究公司的四位同仁調過來參與這個專案，讓他們各自思考自己的核心想法，並完成各自的核心想法表單。我再把大家的核心想法放入一個共享文件夾，結果如下（你可從我的表單中認出最後一點是我的貢獻）：

1. 夏威夷豆售價太貴；如果不修改成分組合降低生產成本，TRIX 的成功率將下降。

2. 為 TRIX 設計的各個替代選項，經測試後發現，製造成本和消費者偏好都存在差異；需要進一步權衡利弊，並制定未來的戰略。

3. 我們可以變更 TRIX 的堅果成分和外包裝，降低生產成本。

4. 決定什麼更重要（生產成本還是消費者的反應？）才能決定是維持原有的配方並提高售價，還是採用新的替代配方。

5. 改變 TRIX 配方：不會完全淘汰大家喜歡的夏威夷豆，只是減少該成分的分量，用椰肉脆片遞補，並修改包裝，既可降低製造成本又可滿足消費者偏好。

核心想法表單

你正在進行的專案完成後需要和他人進
行溝通與交流。
思考以下問題並寫下你的回應。

專案名稱： TRIX綜合果豆市場研究

誰是你的觀眾？

(1) 列出你要與之溝通的主要群體或個人。

諸許的重要關鍵人士：
- 凡妮莎＋麥特（產品部）
- 傑克＋夏農（金融部）
- 萊麗（市場行銷）
- 查理（客戶滿意度）
- 艾比＋塞豪（研發部）

(2) 如果你必須將範圍縮小到某個人，那
會是誰？

凡妮莎（產品負責人）

(3) 你的觀眾在意什麼？
- 降低生產 TRIX 的成本
- 保持較高的客戶滿意度
- 未知：風險承受力

(4) 你的觀眾需要採取什麼行動？
- 考慮是否採用一個未經測試但結合
研究發現的選項
- 決定改變 TRIX 的配方和外包裝

有哪些利弊得失？

如果觀眾聽從你的建議採取行動，有什
麼好處？
- 降低製造成本
- 保持消費者偏愛的成分
- 改過的配方受到消費者歡迎，也對
品牌形象有正面加分效果

如果他們不按照你的建議，會有什麼
風險？
- 現有的配方會導致生產成本太高、
利潤縮水、產品喪失競爭力
- 更多的測試會導致延誤，並增加生
產和時間成本

提出你的核心想法

它必須要能：

(1) 闡明你的獨到觀點，
(2) 表明利弊得失，
(3) 用一句話完整表達你的想法。

改變 TRIX 成分：
不要淘汰消費者心愛的夏威夷豆，但要減量，
不足部分由椰肉脆片取代，另外改變包裝，
這樣既可平衡成本又能滿足消費者情緒。

圖2.2　TRIX市場研究專案的核心想法表單

　　我和我的同事開了一個會，經過評析、討論後形成一個總體核心想法。我們對正面和負面的框架進行有趣的討論，然後決定採用正面框架──強調觀眾可以獲得什麼，而不是他們可能失去什麼，這為有成效的對話先鋪路。我們還注意到，雖然一些同事的核心想法比較關注成本，但其他人則較關注消費者的感受。最後大家一致認為，我們的客戶群非常關心這兩個因素，所以兩者都值得被納入總體核心想法裡。我們最後還決定（經過健康的辯論後），直接推薦一個具體的行動方案給客戶。但我們同時也並陳一套穩健的潛在選項，供客戶權衡利弊，以利他們斟酌該採取哪種行動方案時，可做出明確的決定。

　　我和同事經過充分討論，以及不厭其煩地一修再修文字敘述，終於完成以下一句話的核心想法。

　　考慮用另外一種配方，這配方減少夏威夷豆用量，不足量部分則添加椰肉脆片，並改變包裝外觀，讓潛在消費者能看到產品，這些微調既能兼顧消費者的偏好又能降低生產成本。

　　我們一致同意，這是我們想要傳達的主要訊息。我們將利用成功建立的溝通管道與方式，鼓勵與會者就不同行動方案的具體利弊展開討論，並引導利害相關人士就 TRIX 綜合果豆未來策略做出決定。

　　請記住這個例子，我們將在下一章再次提到它。

　　討論至此，你應該明白，一旦你花時間形成核心想法，這個核心想法將成為你檢驗訊息的度量衡，可以用來評斷溝通時應該包含什麼訊息。你只需自問「這內容能幫助我傳達我的核心想法嗎？」說到規畫內容，正是下一章的重點。

第 3 章

整合資訊碎片

在上一章，我要求你捨去很多細節，簡潔地表達溝通訊息。這可能讓人感覺不舒服。我猜你確實感覺不舒服。但別擔心，現在是你整體考慮溝通內容的時候，包括各種支持你傳遞訊息的元素。

在這一章，我將一步步帶你完成作戰計畫——故事板（storyboard）。我們將從腦力激盪開始，花時間激迸各種想法、列出所有可能的碎片內容。然後進行編輯、排序、改變原有順序重新進行排序。我們將徵詢並吸收回饋意見。這一切的最後高潮是形成初步而穩健的計畫，用於你的報告內容。

什麼是故事板？

故事板是我在商業場合使用的一個術語。它是一系列圖格，代表電影、電視節目或電視廣告拍攝計畫中的每一個分鏡（對許多人而言，故事板讓人聯想到電視影集《廣告狂人》式的廣告手稿）。在商業領域，我把故事板簡單地看成報告內容的視覺化大綱。你不必是個藝術家，也可以從故事板這個工具獲益。除了有助於組織你的思想，構思讓你保持在正軌的計畫與步驟，在規畫內容的過程花些時間製作故事板，往往能讓溝通更精簡、更有針對性也更有效。

說到本章討論的所有內容，我給你的第一個建議是：用最陽春的技術。我們就從這點開始。

學會熱愛傳統手工技術

所以要壓下使用 3C 工具的衝動！ 現在還不是打開 PowerPoint、Google Slides 或 Keynote 等簡報工具製作投影片的時候。在此之前，我們得先完成其他大量的工作，而且完全靠傳統手工技術：我們將使用筆、紙和便條貼。

不妨先分析我們有時過早使用 3C 工具的原因，及其造成的負面影響（雖然還沒想到），以利於你了解擁抱低技術的好處。首先，當我們利用程式完成作品，心理會有一種成就感。完成一張投影片讓你**感覺**自己很厲害，能夠從無到有「生出」作品。然後在此基礎上繼續擴充，完成大量投影片，這下感覺自己超級厲害，進步神速！其實不然，當你太早這樣做，可能會適得其反。例如，你花時間設計的投影片，最後可能不適合那個場合。一張派不上用場的投影片可能不至於是世界末日，但是若你進入投影片自動播放模式，

播放自己設計的整疊投影片，結果整疊投影片卻無法有效傳達你的核心想法，恐怕真的是世界末日。而這悲劇經常上演。使用傳統手工技術確保簡報內容的每一點都經過徹底篩選才登場，可避免發生上述的情況。接下來進入我的下一個觀點。

有時我們被吸引到電腦前的另一個原因，是希望美化自己設計的內容。在很大程度上，大家已不太用紙和筆寫作，所以這樣「土法煉鋼」的寫作可能會讓人尷尬又緩不濟急。也許你覺得自己不擅長繪畫，或者認為自己的字跡潦草，但如果你能用 PowerPoint 輕鬆地模擬一些東西，你可能會這麼做，對吧？這麼做雖然可以理解，但不一定正確！粗略的想法、難看的筆跡、不專業的草圖，簡單地用筆把想法呈現在紙上的過程，其實都有存在的意義。當我們把這些想法顯現在外的時候，其實就是在測試內容是否可用。我們在進行批判性思考。當你寫下自己的想法時，可以感受到自己的反應，並徵求其他人的關注與回饋，只不過對方的批評方式應以整體的綜合分析為主（meta approach），而非針對具體內容提出意見（一旦用了投影片，自然而然會對內容和設計進行批評與分析；我們當然需要這些回饋，但應該稍後一下）。現在我們最需要的是結構完整的綜合性批評。

此外，在我們規畫內容時，保持低技術含量也能防範我們掉入依附性陷阱（attachment trap）。你有沒有發現，一旦你花時間設計某樣東西（例如投影片），你多少會對它產生偏好？在某些情況下，即使你明知換個方式會更好或更有益，但你卻抵制改變，因為你已經花了大把時間把它變成現在這個樣子。比方說，我剛剛花了四小時對一張精彩的投影片添加漂亮的圖表。然後我對你一張張地播放這套投影片，直到播出這張投影片「巨作」時，你卻對我說：「科爾，我不認為這張投影片和報告相關，也許你應該把它放到附錄裡？」

這感覺糟透了。

你覺得**悵然若失**。

我們花了四個小時美化投影片，結果卻遭到無情抨擊，難免打心底感到失落。

現在假設我用傳統手工方式，忍住打開筆電的衝動，沒有製作任何投影片。改而在便條貼上動腦想點子，整理成一個故事板。讓我們重複剛剛的劇本：我對你一一解說我的計畫，你在一張便條貼上看到我繪的圖表，畫得很潦草。你指出，這圖表與核心想法無關。我反思了一下，覺得你是對的，然後收回。我對這張便條貼沒有任何依戀或不捨，所以沒有任何失落的感覺。我既沒有浪費時間設計圖表，也沒有捨不得放棄它或改放在附錄裡。

雖然應用簡報軟體能讓你輕鬆做出投影片，覺得一切操之在我，聽你擺布，但傳統手工方式的規畫工作才是關鍵所在。接下來我們進一步分析怎麼做到這一點，首先是腦力激盪。

腦力激盪

每當我更新內容或改用不同的方式進行簡報時，我都會用故事板。我鼓勵大家也這麼做。這個規畫步驟可以幫助你擺脫慣用的做事方式，強迫你認真思考與分析某個情況下相關的各種因素與條件。

故事板最好從腦力激盪開始，這過程對我而言像種宣洩，目的就為了刺激想法。現在開始寫下各種想法。當你動腦時，別擔心點子進不進得了最後一關，也別擔心出現的順序。首先，腦袋想到什麼就把它寫出來。在有限的時間內完成這一點。對我來說，集中火力進行十至十五分鐘的腦力激盪通常就夠了。在完成故事板其他環節的過程中，會有更多點子冒出來。

我最喜歡的故事板工具：便利貼

我製作故事板會使用便條貼。我選擇的尺寸是四‧七六公分正方形便利貼，顏色五花八門，便於用顏色來分類。我喜歡便利貼，因為尺寸小，逼得我不得不簡潔想法。我也很喜歡它們的黏性，整理想法時，便利貼會被固定在某個位子，不會隨便移動，這點我會在編輯的環節討論。

被便利貼束縛得很緊？

雖然我提議用便利貼進行腦力激盪，並將想法放到故事板，但便利貼肯定不是你唯一的選項。我有一些朋友信誓旦旦，保證索引卡片是最好的工具（同樣容易重新排列，而且可以用一兩條橡皮筋把整疊整齊地捆住，便於攜帶，隨時可在途中構思規畫！）。有一次，在一個工作坊上，與會者告訴我，便利貼讓他們緊張，覺得被束縛得很緊，因為他們習慣在一整張紙上進行腦力激盪（這辦法完全可行，不過我建議事後把整張紙剪成紙片，這樣就可以把紙片挪來挪去）。相較於便利貼等工具，更重要的是機制。腦力激盪的目的是批判性地思考哪些內容能有效地幫你傳達訊息，而且內容的安排方式必須合理，讓觀眾明白與理解。任何能幫助你輕鬆完成這步驟的工具，不管是便利貼還是索引卡片都可以派上用場。

至於在便利貼上寫什麼，我們等會兒會更詳細地說明。當我進行腦力激盪時，通常會寫下主題以及與內容相關的想法。當我為本書這一章進行腦力激盪時，便利貼聚焦在具體的標題和次標題。在為簡報內容進行腦力激盪時，想像每張便利貼最後都成了播出來的投影片。但要給自己一些彈性：一些只寫了一個想法的便利貼可能擴增變成多張投影片；或者可能會將幾張投影片合併成一張。這點到了編輯的時候會更清楚些。一開始，只須專心想出大量

的點子。

改變環境刺激創意

環境會對你腦力激盪和故事板的結果造成影響。我在辦公室中間擺放一張黑色大桌子作為工作桌，座椅則是圓凳。當我製作故事板，我會站起來，走到桌子的另一側。工作桌桌面寬闊（哀求我盡快在上面貼滿想法！）。我站著做這件事時，視角也跟著改變，有助於刺激創意。完成腦力激盪以及整理了想法之後，我拿出一大張紙，把便利貼黏在上面，方便我把故事板挪到工作桌另一側擺放電腦的位子（我開始撰寫內容或製作投影片時需要用到電腦）。

如果你覺得自己卡住了，不妨改變環境，刺激靈感與想法。

我應該在便利貼上寫什麼？

我請大家動腦刺激想法，但這稍嫌籠統。你可能會問，到底要產生什麼樣的想法？其實製作故事板並沒有統一的**正確**做法。你可以靠著不斷嘗試和調整找出適合自己的做法。

當我進行腦力激盪時，我寫在便利貼上的東西可分為以下幾類：

* 歷史或環境背景
* 問題陳述、提問或假說
* 我的核心想法
* 我所做的假設
* 需要解決的偏見
* 數據點

- 圖表或其他視覺效果

- 分析細節或統計方法

- 過程步驟

- 舉例說明

- 研究結果或重點整理

- 替代性假說

- 需要考慮的選項

- 討論要點

- 建議

　　這裡我們停頓一下，讓你花點時間練習。你目前在規畫一個專案而且需要向人溝通嗎？準備一本便利貼或剪好的空白紙條。計時器設定十分鐘。參考我列的清單，為可能的報告內容進行腦力激盪，以利你在報告時能清楚傳達訊息。

考慮各種觀點

　　我們在腦力激盪時，多半從自身角度出發。就像之前討論過，我們溝通時，多半是向別人表達自己的想法和主張，從自身角度出發。進行腦力激盪時，這是一個自然又合理的起點，但並非正確的結尾點。在第一章，我們花大量時間思考觀眾的需求，現在規畫內容時當然也不能忽略他們！

　　你花了時間為自己想說什麼進行腦力激盪後，試著戴上另一個濾鏡。首先，想像觀眾的觀點。回顧第二章的重點——核心想法，想想**觀眾**想知道或看到什麼，以便進一步理解你想要傳達的訊息，或是成功激勵觀眾以你希望的方式付諸行動。如果你的溝通對象是組成分子形形色色的團體，那就多換

幾次濾鏡，從不同的角度進行腦力激盪，刺激更多想法。此外，可能還有其他人的立場需要考慮。

從同事、經理或其他利害相關人士的觀點出發。需要編輯（修正）部分內容時，辦法之一是尋找重疊點。利用這些重疊點創造交集，確保可以一次滿足大家的一系列優先事項。

說到編輯，一旦你產生大量的想法──甚至也許已開始去蕪存菁，代表是時候該進行編輯了。

編輯：修改與重新排列

腦力激盪之後，先暫停一下，整理剛剛寫下的想法，選出最適合某些具體需求的點子。編輯過程往往比腦力激盪還花時間，而且過程中你會繼續冒出新的想法。

想一想什麼框架可以幫助你整合所有想法，讓別人聽了能理解或覺得合理。你該如何安排這些內容的順序？貼上新的便利貼，寫上主題，然後根據主題開始對想法進行分類，安排它們的順序。你在哪些地方可能需要使用過渡性內容（連接不同想法或主題而加入的內容）？例如添加註釋。是否有機會將類似的想法或主題合併在一起，整合在同一個部分？把類似想法的便利貼放在一起，也許可以歸納在同一個主題之下。這可以更容易確定在哪裡需要納入數據或說明性的例子。不斷地移動、重新整理便利貼的位置，必要時添加新的想法。把不合目的的貼紙揉成一團扔掉。

丟棄也是門學問

說到割捨與剔除，不妨先在這裡稍停一下，討論故事板的一大好處就是

有意識地摒棄。若我們一開始就利用 PowerPoint 或 Keynote 等工具，除了會出現我在本章前面概述的問題之外，另一大問題是誤以為我們想出的內容必須回應所有問題。反之，當我們一開始用的是手工，我們能仔細思考每一個可能的內容，並反問自己一個重要問題：這有助於傳達我的核心想法嗎？沒有嗎？那麼刪掉它。搞一個「棄牌區」，毫不猶豫地把它丟進去。

我製作故事板時，一定有個棄牌區。有時我同一個想法會寫五次，然後丟掉五次，因為要經過這樣的反反覆覆，我才能說服自己，這個想法（不管它是什麼）無法精準傳達訊息。如果某個想法出現這麼多次，顯示你覺得這個問題很重要，因此有必要了解相關內容或你對這問題的回應，以備不時之需。但並非所有相關訊息都必須出現在我的簡報中，這種有意識地棄牌會讓溝通更精簡、更有效率。

對於較長的內容，使用不同層次的故事板

對於較長的簡報或書寫內容，我通常會在不同時間點重複製作故事板，並讓故事板的內容有層次之別。通常從宏觀層次開始，隨著規畫愈來愈具體，故事板的層次也愈來愈細節化。以這本書為例。

首先，我決定了故事板的整體架構：共包含三個主要部分，每個部分有四章節（這是重複微調的演進方式，而不是線性方式，目的是希望所有東西都能以一種對我有意義的方式連起來）。在某些情況下，我會進一步分析某章的內容，以達到全書的整體平衡感和邏輯性，並來回推敲哪些想法最適合放入哪個部分。當我寫下這些文字時，有關規畫這部分的高層次架構被貼在辦公室衣櫃門上，隨時看得見，方便我不斷反思和調整（基本上我已確定規畫之下的各章節要寫些什麼，但對於接下來放在製作內容之下的章節，我還在重新思考其架構）。

　　上述故事板架構屬於整本書的整體層次，但我也會專注於每個章節的層次。我同樣透過製作故事板開始每一章，包括進行腦力激盪，安排主題、內容想法、旁註、說明性例子和小故事。在我寫書的過程，我多半不會在這階段徵求回饋意見（反之，如果是在準備簡報，我通常會徵詢旁人意見）。說到寫作，若不確定該如何安排內容的順序，我會大聲說出碰到的問題與疑慮，找出解決辦法。開始動筆書寫後，會使用故事板規畫各章的內容，有時還是會遇到瓶頸，就回到故事板，重新排列內容，再重試一次。然而大多數情況下，這階段是對寫好的文稿進行編修（這會持續相當長的時間！）。

　　較長的簡報也適用類似的策略。先使用故事板進行一般布局（general layout），根據這布局的指引走。然後再次使用故事板，這時的故事板會加入不同層次的細節內容，這樣你就能具體看見並評估你規畫的架構，確定不會再變之後，才開始書寫內容。完成一般布局的內容，接下來可以重複使用這過程完成某部分的內容。同樣地，你也可以使用故事板規畫某張投影片的內容。是的，這需要時間和精力。不過正如我們一再強調，這會強迫你做每件事時大量地思考，影響所及，將改善你寫作或簡報的品質，並引導你用適當的方法，精心製作出更適合某場合的溝通內容。

我的核心想法應該出現在故事板的什麼地方？

　　談到安排內容的順序時，一組常見的問題是——「我該把核心想法放在故事板的什麼地方？是否一點一點逐步公開？還是一開始就直接闡明？或是還有別的做法？」沒有統一的正確路徑。不同的情境需要不同的做法。在某些情況，不管哪一種方法都行得通。有關核心想法的擺放位置，以及故事板的組件該如何安排其順序，有一些面向需要被納入考慮。

　　說到安排內容的順序，我們習慣按照時間順序或線性順序排列，這是最自然不過的做法，因為這正是我們經歷事物的一般順序。如果我要報告一項分析的結果，我可以從我分析了什麼問題開始，然後提到我使用的數據（它出自哪裡，我做了什麼以確保數據準確完整等等）。接下來，我可以回頭檢視我所做的分析，然後帶到我的分析結果和建議。這種進展很順理成章，也是我處理這個專案所用的方法。

　　當我們以這樣的線性方式安排內容時，核心想法通常出現在最後，表示我們必須讓觀眾一直保持專注到最後，才能聽到我們的主要論點。另一個方式是一開始就闡明核心想法，但如果這麼做，別人不同意我們的觀點怎麼辦？所以這可能並非最好的開始方式。這讓我必須另外再考慮一些具體因素，當你決定核心想法的位置時要牢記。

　　其中一個因素是你和觀眾的互信度。如果你與他們的關係不穩固，而你一開始就闡明核心想法，若他們**不同意**，等於你一開始就亂了陣腳。這可不是一個好的開始。在這種情況下，按時間順序排列的線性進展可能是更好的選擇，這麼一來，你可以帶著觀眾跟著你的邏輯往下走。當你走到最後，希望他們已能接受你的說法，或者至少願意傾聽。

　　不過話說回來，在有些情況，一開始就闡明核心想法也絕對站得住腳。例如，如果你已經和觀眾建立了良好關係，或者你認為你的觀眾很可能會接受你的建議，那麼從核心想法開始，有助於讓大家進入正確的思維框架，並加速建立雙方有建設性的對話。如果你不確定是否有足夠的時間從頭說到尾，或者你擔心有人會打斷你，以至於偏離主題，也可以一開始就開宗明義說出核心想法。如果你的觀眾更關心最後的結果，而不是你達到目的地的過程與手段，那麼務必用核心想法打頭陣。在某些情況下，如果別人一開始就買單，便不必再講其他的細節。

　　一般情況下，思考什麼順序最有效，可依據以下原則：誰是你的觀眾以及你將如何向他們簡報。先不要太依賴故事板，我們在第四章討論故事的時候，會就如何安排內容的順序，分析更多的攻略與做法。屆時，我將鼓勵你重溫你製作的故事板，並進行修改。不過在這之前，我們可以先在這裡暫停一下，聽聽別人的意見。

徵求回饋意見

　　和他人分享故事板上的圖格並徵詢回饋，好處與接受核心想法的意見差不多。大聲說出故事板的內容，解釋你的邏輯並回答問題，以利於你評估自己在故事板上的內容，別人是否看得懂並覺得合理。在完成故事板後，請一個同事花十至十五分鐘瀏覽一下，彼此互相討論，並徵詢回饋。

　　這時也是獲得客戶、利害相關人士或經理回饋的不錯機會。但這並非次次都可行，也並非每次都有意義，但當機會來時，務必把握，這可以讓你在開始大量工作之前，讓每個人的意見一致。在你徵詢回饋之前，先說「這還只是粗略的計畫，但這是我大致的想法」，你可以使用一面真的故事板，分享上面所規畫的內容，甚至列出要點清單，一一解說。如果對方說：「是的，這很好，請繼續。」或「不好，這個行不通；我們應該改變方向。」如果能趁早得到回饋，你就愈不會浪費大量時間和精力做白工。一般來說，在這個過程中，你愈早得到這種類型的回饋愈好。反過來說，如果你是別人的經理，也希望能夠趁早提供回饋，鼓勵你的團隊成員製作故事板，與你分享故事板上視覺化的內容。

一整個團隊一起製作故事板

以團隊的形式製作故事板是個很好的練習，特別是需要多人為一個故事板或報告做出貢獻的情況下。如果可以的話，讓每個人都帶著白板和麥克筆齊聚會議室。大家針對一般內容和流程達成共識後，在白板上畫出類似投影片形狀的長方形（在團隊製作故事板期間，與投影片差不多大小的超大便利貼其實很有趣，每個便利貼代表一張投影片）。添加標題，並勾勒需要進一步收集或準備哪些輔助內容。

這種方式可讓每個人都帶著相同的整體願景離開會議室。還有助於大家了解他們被編派的任務要如何融入整體，協助每個團員互相提供回饋，透過溝通努力凝聚向心力。團隊一起製作故事板有助於確保大家在秀出成果時步調一致。

若無法讓團隊聚在同一個地點製作故事板怎麼辦？

若團隊都在同一個辦公室，讓每個人在同一個地點用白板工作固然很棒，但是，當團隊成員需要在不同地點製作故事板時，該怎麼辦？在這種情況下，模仿便利貼的方式。任何一種多人能夠同時查看和編輯的共享文件都可派上用場（例如在 Google Docs 裡，故事板可能看起來更像一張要點清單，這也不錯）。還有一些應用程式可以模擬製作故事板的過程，如 Miro、Evernote 或微軟的 OneNote。還有一些規模較小或免費的應用程式，例如 Storyboard That 或 Padlet。

根據你的技術水準，有時蠻力也能發揮作用。例如，把想法用大字體寫在投影片上，然後開啟投影片分揀器視圖（sorter view）。進入線上會議並分享螢幕，鼓勵大家討論交換意見，根據對話，讓游標不停地在各張幻燈片之

間移動。我還記得在 Google 的時候，我們有些同事在辦公室透過視訊會議加入討論，那些實際在場的人將攝像鏡頭對準我們正在製作的故事板，這麼一來，每個人都可以參與。

我們已經討論了如何製作故事板，接下來要看看它實際的模樣。

彙整碎片：TRIX 個案研究

回想一下我們在每一章結尾的個案研究。

幫大家回想一下：我的團隊已與著名的食品製造商諾許簽了合約，被委託對他們受歡迎的 TRIX 綜合果豆進行研究並提出修改建議，既要降低成本，又不會對消費者的情緒產生負面影響。我們最近完成了這個專案，正在規畫由我負責向諾許客戶團隊進行溝通與報告的內容，概述我們的研究結果和建議。我們希望看到的結果是：對方在充分了解情況後進行討論，並就如何改變 TRIX 的成分和包裝做出明確的決定。我們也希望讓客戶團隊裡的要角留下深刻印象，支持諾許把未來的業務轉到我們公司。

我和我的同事已完成要溝通的核心想法：考慮用另外一種配方，減少夏威夷豆的用量，改由添加椰肉脆片；以及修改外包裝，讓潛在消費者能看到產品的內容物，藉此兼顧消費者的偏好和降低成本兩大目標。這是我們想要傳達給觀眾的關鍵訊息。真正和對方進行溝通時，將播放投影片，由我上台簡報。我將用投影片傳達我們的研究結果，並列出一系列選項，但我們會具體推薦某個選項，然後鼓勵觀眾討論並決定策略。

我從腦力激盪開始製作故事板。拿出迷你便利貼，開始寫下想法。我把

專案從頭到尾想了一遍，從促成我們與諾許合作的前因開始，一直到具體推薦某個選項與核心想法。根據這個方式，我的想法以線性架構呈現（大致上反映了專案的進展）。從我的角度完成想法的內容後，我嘗試用利害相關者的觀點，並根據他們的喜好產生具體想法。凡妮莎（產品主管）最關心什麼，或者傑克（部門首席財務長）需要什麼程度的細節才能感到滿意？艾比和塞蒙（研發部）會希望聽到什麼訊息才肯相信我們的方法萬無一失？

花了大約十五分鐘寫下想法並假設了多個人的觀點之後，我面前出現了很多便利貼。由於數量太多，我就不一一展示，而是把寫在貼紙上的內容列出來，讓大家感受一下數量、廣度和深度。

- 試點專案的目的是評估未來能否持續合作
- TRIX 是諾許公司暢銷的綜合果乾零食包
- 圖示 TRIX 的長期銷售量（成功商品）
- 成分：夏威夷豆、杏仁、腰果、櫻桃乾、黑巧克力
- 希望降低生產成本
- 重點：維持消費者的偏好
- 探討可行的選項：改變大小、價格、包裝、成分
- 數據：產品尺寸
- 數據：包裝選項
- 數據：競爭產品的售價
- 數據：競爭產品的成分
- 成分的成本分析
- 發現：夏威夷豆很貴
- 價格敏感度分析
- 結果：市場不可能承受更高的價位

- 包裝成本分析
- 發現：改變包裝所增加的成本不顯著
- 對消費者進行測試以了解他們的偏好
- 研究 1：包裝測試
- 研究 1：測試新包裝
- 研究 1 涉及的細節：地點、時間、受試對象的人口統計資料
- 購買意向的數據和分析
- 發現：包裝有開視窗可以看到內容物，會增加消費者購買意願
- 研究 2：口味測試
- 研究 2：測試替代成分
- 研究 2 牽涉的細節：地點、時間、受試對象的人口統計資料
- 偏好的得分：數據和分析
- 發現：原始配方整體上更受歡迎
- 發現：替代配方 A 在外觀和質地方面得分較低
- 發現：替代配方 B 在口味上得分較低
- 發現：消費者喜歡椰肉
- 什麼更重要：成本還是偏好？
- 諾許的風險承受力？
- 我們沒有對其中一個神奇組合進行測試，但確實是很好的選項
- 核心想法：減少夏威夷豆用量，不足部分添加椰肉，並修改包裝
- 其他選項：提高售價，做更多測試
- 討論
- 確定後續步驟

如果我一開始就用 PowerPoint，可以很容易地為上述每個步驟製作一張（或更多！）投影片。據此而做的簡報與演示，對我而言可能有意義，那是因為我熟悉整個專案與流程，但是要把它清楚地介紹給其他人，讓其他人一聽就明白，卻非易事。我的團隊處理並消化所有相關的背景、數據和分析，才能全面了解事情的始末，並提出明智的建議，但觀眾無須看到我們一路走來所做的每個步驟。所以我將擔任策展人，整理安排這些想法，變成一條路徑，引導觀眾沿著這條路徑前進。

為了實現這目標，我開始編輯。所有可能派上用場的簡報內容都擺在我面前，因為可以看到這一切，方便我思考該用什麼框架組織這些碎片。我眼前出現了一個「棄牌區」，把可能不直接相關或不能幫助我表達核心想法的便條放在那裡。沒有一個一體適用的標準辦法可以組織這些想法，而是要透過不同的方式實現。當我決定要涵蓋哪些內容，以及該如何安排它們的順序時，我牢記觀眾的需求，以及最後該如何傳達訊息給他們。我預想成功與觀眾溝通的情形，然後根據擺在眼前的想法，權衡有哪些做法可以把它們組織起來，實現成功溝通的目標。

我花一些時間重新安排和組織便利貼之後，最後一步是徵求回饋意見。我看著故事板，向同事口頭解釋與討論上面的內容。這時我會找一些不涉入專案或是沒有利害關係的人，徵求他們的意見，因為他們有助於我了解客戶群的期望，並確認計畫是否可行。記得我們在第一章提到的具體觀眾嗎？麥特是凡妮莎的首席助理，將是理想的求助對象。

與幾個人（包括麥特在內）分享了我的計畫，並繼續編修內容後，圖 3.1 顯示我故事板的模樣。

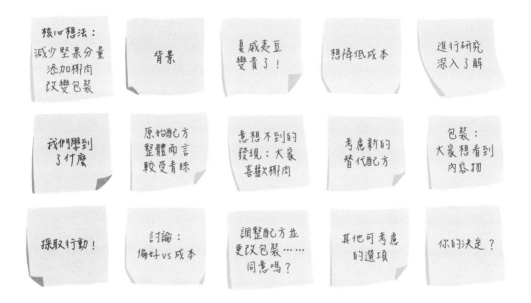

圖3.1 TRIX市場研究計畫的故事板

　　我選擇一開始就讓核心想法登場。三個藍色貼紙代表溝通內容的三大部分。這三張便利貼可成為一疊投影片的分隔頁面，讓我能在每個部分之間插入，以示區隔。第一部分提供觀眾所需的背景與脈絡等資訊。首先說明我們為什麼參與這次專案。然後我將呈現我們設計和進行的各種研究結果，接著銜接到下一個部分，強調我們發現了哪些現象。在這部分，我會告訴觀眾這些發現是根據哪些數據和分析，以及我們認為應該如何應用這些發現。最後，我將把觀眾的注意力集中在行動。對話框架是討論消費者偏好與成本之間的相對重要性。我將重申團隊的具體建議，同時也會分享其他方案，讓利害相

關者權衡和討論。這一切都是希望觀眾能對 TRIX 的未來戰略做出明智的決定。

　　我們已經完成腦力激盪、編輯、重新安排順序，並重複微調內容。雖然我們的規畫可以到此為止，但還有一個重要概念得先討論：故事。故事能讓我們的方法升級到全新水準。接下來我們就把注意力轉移到故事吧。

第 4 章

建構故事

你已經確定觀眾是誰、想好溝通的訊息、有了通盤的規畫。不過，在我們開始建構內容之前，先在這裡停一下，花點時間思考一下**故事**，探討如何融入說故事的藝術。首先，我將概述典型的商業簡報方式，然後對照於使用故事結構的溝通方式，凸顯後者的潛在優勢。討論我如何構思故事及其形式後，我將強調緊張感（張力）在故事的重要性，接下來將指導你如何使用敘事弧（narrative arc）作為模型，重組和進一步完善我們為溝通制定的計畫。

你可能會問，**為什麼我們上一章花了那麼多時間製作故事板，現在卻要改變它？**這問題問得合情合理。但是我在第三章帶領大家完成的故事板並沒有讓大家做白工。腦力激盪的過程讓你掌握了和情況相關的所

有細節，也能從多個視角考慮細節。當你編輯便利貼時，你會與自己（可能還有其他人）進行關鍵的辯論，討論為什麼要納入某些內容，確定哪些主題或路徑與你的目標觀眾或要傳達的訊息無關。你把大量可能用得到的內容加以整理篩檢，變得更有針對性以及可管理，這些將成為你故事的基礎。

此外，透過分享故事板獲得他人的回饋意見，過程中，你解釋你的邏輯：你選出的重點拼圖片，以及它們的組合為什麼能達到你的目的。有了清楚的邏輯與目的，你現在當然有能力考慮另一個架構，這是**因為**你到目前為止對一切都思考過。如果你沒有先完成這些作業，直接跳到故事（這確實是跳躍，我們會更詳盡地討論這個問題）可能會太過困難。

在我們深入討論故事敘事之前，讓我們先討論另一種常用的方式：線性路徑。

常用方式：線性路徑

典型的商業簡報——無論是在會議上還是在講台上，由講者傳達訊息，十之八九遵循一個可預測的路徑。一開始是背景介紹，幫觀眾理解演講主題或所要傳達的訊息。這時可能需要講者清楚列出想解決什麼問題或實現什麼目標的問題陳述（problem statement）。接下來是敘述採取哪些行動或方法，這時講者可能說明研究花了多久時間、專案規模、開過什麼會、諮詢哪些專家、收集到的數據、進行哪些分析等等。在對這些具體細節進行全面詳細的介紹後，接著是總結從這些過程學到的經驗。演講或簡報的結尾不脫提出結論、建議或下一步行動。回想一下你上次在辦公室會議或大型會議上所聽到的簡報或演講是不是像這樣？

圖4.1　典型的商業簡報遵循的線性路徑

　　這種線性路徑（如圖 4.1 所示）沒任何問題，但也不特別出色。我曾經說過，以線性方式組織溝通內容，顯示講者自私的心態，因為只考慮自己的需求和利益。我之所以這麼說，其實是在故意挑釁，希望能凸顯一個觀點。線性方式是我們在傳達訊息時預設的模式，因為它與我們專案進行的步驟和順序大致相符。都是按時間的先後順序、合乎邏輯、有熟悉感。我在此重複我在本書一開始提到的感受：我們對他人表達自己的想法或意見不難。但這種表達方式是否特別具有啟發性或容易讓人記得住呢？

　　你知道答案是否定的。你也曾經是觀眾，經歷過這樣的演講，那個演講缺少一個關鍵環節，就是你。採線性路徑的說明性溝通有個缺陷：即使我們溝通者挑不出毛病地按照線性架構組織內容，還是可能忽略觀眾（亦即要傳達訊息的對象）。影響所及，這對觀眾可能是無效的溝通。這可真是個問題！與線性路徑相反的是故事。故事有明顯的輪廓，可讓觀眾感受到高潮起伏。故事能在情感層面上吸引我們，讓我們投入。所以遵循故事結構的溝通比邏輯為主的線性路徑更有趣。接下來我們將進入**故事**，首先討論一下故事這個詞到底是什麼意思。

什麼是故事？

故事、講故事的人、講故事——這些概念存在已久，但直到最近才成為商業領域的熱門詞彙。它們被頻繁、鬆散地使用。雖然我樂見用故事溝通成為一個廣被接受的討論話題，但這些術語被濫用和誤用也稀釋了故事的真正意義，甚至誤導它的用途。

當我思考在商業領域使用故事作為溝通方式時，我所謂的**故事**是真正的故事，而非其他隨便的東西。我經常使用兒童讀物解釋或說明問題，為什麼？因為它們有親和力。每個成年人都有童年經歷，當我解釋問題時，他們可以利用這些童年經歷與我的解釋產生互動與共鳴。有些觀眾有孩子，他們每天晚上都會給孩子讀床邊故事。此外，兒童故事也常能完美地詮釋我所謂的**故事**。故事有情節：人物以及地點和時間所營造出的氛圍。因為發生一些事情，讓現況失去平衡。隨著故事的發展，劇情有起伏。衝突與危機等打破平衡而吸引我們的注意力。最後，這些問題通常可被順利克服或以某種方式解決。我用來解釋上述概念的故事包括《戴帽子的貓》、《野獸冒險樂園》、《阿羅有支彩色筆》、《小紅帽》、《綠野仙蹤》、《夏綠蒂的網》，以及最近我說故事給自己孩子聽時，最喜歡的童書系列《賴瑞走丟了》（*Larry Gets Lost*）。你熟悉這些故事中的任何一個嗎？我簡單列出的這些童書是否讓你想起或感受到什麼？

讓我們把這個想法再往前推一步，藉由一個快速的思考練習剖析故事的效用。首先，腦海中浮現一本自己童年最喜歡的書籍，書名是什麼？回憶一下主要的故事情節。主要人物有誰？他們面臨什麼困境？故事的結局如何？閉上雙眼。你能在腦海中描繪故事的部分內容嗎？也許是封面或書中的某個場景？這麼做讓你有什麼感覺？

沉思一下。你最後一次想到這個故事是什麼時候？昨天？去年？十年

前？更久？無論時間過去多久，你到現在還能想起來，這不是很奇妙嗎？

這有一部分歸功於情節的發展與起伏。因為有個事件導致下一個事件，情節強度往往隨著時間推移增加或下降，一個故事若講得好，可以提供具體的錨點（anchors），這些錨點是故事情節中發生的具體事件（例如重大轉折），可以幫助讀者更容易地想起、記住和複述故事。

一個好故事還能在情感層面上吸引觀眾：這種吸引力不僅體現在故事情節發展的過程，也會在事後產生影響。我們可能笑，也可能哭。也許我們被逗樂或者學到重要的一課。在某些情況下，我們可能會反思自己在類似情況下會如何因應，或者對故事中的人物和他們所經歷的事情表示同情，為他們的悲傷感到難過，或者為他們幸福的結局感到喜悅。

這正是我希望你在這一章始終牢記的故事類型，因為我們會從不同的角度研究故事，以及我們如何利用故事的元素（如情節、人物等）提高我們溝通的成效。的確，我們無法次次都能讓觀眾笑或哭，但是如果我們能利用故事吸引對方的注意力，以及用有效率的方式引導對方參與，用故事可是非常厲害的。

故事的結構

說故事有個關鍵元素，那就是你——說故事的人。我的意思是這裡要考慮兩個面向：一，當你在規畫和準備材料時構思什麼樣的故事（這是我們目前和下一節要討論的重點）；二，你最後要如何講述這個故事（我們將在本書的最後一節深入探討）。正如學習任何一樣新事物，開始時要簡單。隨著時間不斷地練習與累積經驗，你利用故事進行溝通的自信、經驗與技能將漸入佳境。你不斷提升說故事的技能，所以功力愈來愈細緻入微，更能滿足各

種溝通場合的需要。

我直接觀察到自己在這方面的進展。透過自己在這個領域的學習和經驗，我逐漸改變說故事的思考方式和教學方式。因此我認為介紹幾個具體的故事特徵和結構，對大家會很有幫助。這個簡短的介紹可以為我們提供一個共同的語言和結構，以便我們在考慮將故事應用到我們的商業溝通時，可加以參考與師法。

基本的故事結構：情節、轉折和結局

你可能會認出這個基本故事結構的組成部分；我在第二章討論到三分鐘故事時，曾要求你考慮這些部分。只是在這裡，我沒有把這些部分用線性方式排列，而是用上升和下降的形狀 —— 也就是小小的「故事山」（story mountain）來呈現故事的組成部分，如圖 4.2。

圖4.2　基本的故事結構

情節是故事的背景。它概括了故事開始時發生的事，此時會介紹故事的場景和角色。隨著故事進展，情節逐漸發展到高潮，進入轉折的部分。轉折是故事的張力，形成故事的起伏（形狀），意味某事出了差池，需要解決。結局解決了這個問題，並讓故事進入尾聲，讓一切整齊俐落地收尾落幕。

最簡單的故事：開頭—中間—結尾

當我的大兒子上小學一年級，第一次在學校學習什麼是故事時，他的老師解釋故事係由開頭、中間和結尾組成。這是故事的基本概念，卻是不錯的起點（從基本概念 elementary 的字面意思來看，碰巧和小學生是同一個字）。據傳是亞里斯多德率先提出這個基本概念，他提出戲劇的三幕劇結構。按照這一模式，第一幕（開頭）是背景鋪陳，介紹了情節和角色；第二幕是中間部分，通常也是最長的一段，在第一幕的基礎上進一步發展，引入更多複雜、曲折和起伏的情節，隨著情節進展，行動逐漸升級；第三幕（結尾）是結局，為戲劇畫上句點。

請注意，這個總體結構與本章稍早介紹的線性路徑相似。事情以一種合乎邏輯的方式自然而然向前進展。這是我們在商業溝通中可遵循的一種模式。然而，如前所述，通常你是有機會超越這個基本模式（而且會有一些重要的附帶好處），明確地突出故事的緊張點，讓故事呈現高低起伏的形狀。

在我的第一本書《Google 必修的圖表簡報術》，情節—轉折—結尾的基本故事結構關注的重點，也是我們在工作坊教授有效溝通時常採用的方法。因為它夠簡單，所以很好用，可以直接應用到許多商業場景。這是一個讓人開始思考如何用故事進行溝通的好方法。如果你對在自己組織中用故事來溝通的想法猶豫不決，故事結構的簡單性是你最佳的起點。我們在本章稍後重新審視緊張點時，會再次回來闡述這個基本結構，並制定具體策略。

在這之前，我們先來看看另一個著名的故事結構，它是建立在這個基本版本之上的變體。

敘事弧

　　敘事弧是描述故事走向的常見方式。與基本的故事結構相似，最初是情節的描述：亦即我們一開始時的狀況。藉由一個突發性事件讓故事進入緊張氣氛。這種張力透過上升的行動進一步升級，達到高潮，這裡是故事的重要轉折點。隨後是下降的行動，緩和故事的張力，這是一個緩衝區，引導我們走向故事的結局。這就是我之前列舉的童書所遵循的一般結構。請記住你剛剛想起的那個熟悉故事。我敢打賭，它的主要故事情節也是沿著這條路徑而行（如圖 4.3 所示）。

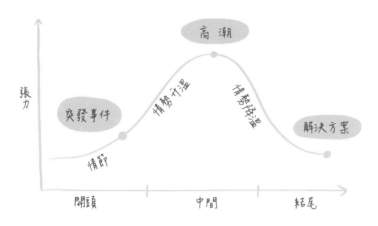

圖 4.3　敘事弧

當我第一次接觸到敘事弧，我經歷了那種狂喜時刻——**啊，終於被我找到了，這個簡單又易產生共鳴的框架有助於我解釋和教導如何撰寫故事！**敘事弧比基本的情節—轉折—結尾更複雜，但仍然簡單到可以在幾分鐘內解釋清楚。無論是熟悉的故事還是現實生活中的商業場景，都可以套用敘事弧的框架進行說明。它也可以作為一個示意圖，規畫未來簡報的架構。接下來我將介紹如何套用它作為商業故事的指南。但是在此之前，我們先看看敘事弧的一些優點。

我想強調敘事弧線和稍早提到的線性路徑之間有幾個重要區別。也許最顯而易見的區別是形狀。相較於弧線的起伏（由低至高再由高至低的變化），線性路徑是一個從左到右的簡單直線進展。敘事弧最神奇的部分莫過於張力，這也許是把演講架構從線性路徑轉向敘事弧的最大好處之一：這會強迫我們確認當前情況存在什麼緊張點。但請注意，這不是我們這些內容創作者關注的緊張點，而是我們觀眾關注的緊張點。傳達內容時，以線性的方式架構以及不用考慮觀眾關注的焦點，或許比較簡單。但是使用敘事弧的框架時，幾乎不可能忽略觀眾，因為弧線模型要求我們考慮觀眾關注的緊張點，這麼一來，我們不得不思考如何針對觀眾以及他們關注的緊張點進行溝通。當我們規畫簡報架構的張力部分時，會進一步討論這個問題。

有個也許不太明顯的區隔是，線性路徑中不同的主題或各部分的內容很容易被當成不連貫、互不相關，從一個片段到下一個片段的轉變可能是突然的。但反觀敘事弧則強迫創作者讓各個主題彼此連結。弧線的形狀讓我們思考如何從一個主題過渡到下一個主題，而線性路徑卻沒有這樣的要求。當我們用敘事弧作為框架組織想法時，每個組成部分讓故事自然而然地向前推進，以這種方式規畫內容，進展會更流暢。

佛瑞塔格金字塔

　　一個更古老的戲劇結構可能是現代敘事弧的前身。十九世紀德國小說家和劇作家古斯塔夫・佛瑞塔格（Gustav Freytag）擴大亞里斯多德的三幕劇基礎，推出五幕劇結構的模型，被慣稱為佛瑞塔格金字塔（Freytag`s Pyramid），具有與敘事弧相似的組成部分，但往往呈現更有稜角的形狀（如圖 4.4 所示）。

　　雖然金字塔的組成部分與敘事弧基本相同，但通常換用不同的字詞描述。例如情節說明（Exposition）比情節一詞感覺更有力。中間的三個部分通常使用與敘事弧線類似的語言。我偏愛法語的 denouement（據信是在佛瑞塔格之後引入的），意思是解開複雜問題的繩結（字面意思是「解開繩結」）。

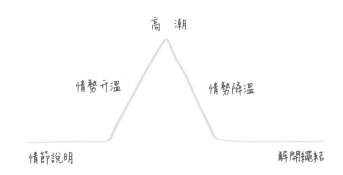

圖 4.4　佛瑞塔格金字塔

　　無論是簡單的情節—轉折—結尾，還是更複雜的敘事弧，這些結構都是完整故事的簡化版。就像我們在第三章製作故事板，一樣是我們腦力激盪出大量潛在內容的一部分（許多細節被排除或丟棄），我們根據這些結構所做

的溝通也將是一條精選、簡化、濃縮的路徑，不會包括每一個細節，因為那樣的版本過於複雜，看起來更像一座崎嶇的山。

現實是一座崎嶇不平的山

現實生活並非一條平坦上升和下降的路徑，事件發展方式往往比這個架構更複雜，長篇小說和電影的故事情節也是如此。整個故事跌宕起伏，推動故事的發展，從情節到結尾全程覺得開心有趣，深深融入其中。雖然轉折或高潮可能反映了主要的衝突或最高的張力點，但在整體敘事過程中，通常還會添加與解決其他許多問題。正是因為有這些起伏，故事才能吸引我們的注意力，先吊足我們的胃口，然後再滿足我們的期待與猜測。

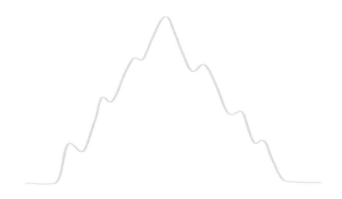

圖4.5　崎嶇不平的山

這座崎嶇不平的山代表故事的每一次起伏——或是回到我們的正題，就像專案進行期間的每一次起伏。在一本篇幅達四百頁的厚書或兩小時的電影

中，所有這一切起伏對保持我們的注意力至關重要，但在工作環境中，你很少有這麼多時間面對觀眾，觀眾的注意力也很少能維持這麼久。此外，我們不一定需要傳達完整的故事。

不同的觀眾對細節關注的程度也不同。高階主管可能只想知道故事的基本概要或高層次的大局輪廓（high-level arc）。財務合作夥伴關注的是完全不同的重點或高潮，這些亮點會合併成一個不同於你向行銷負責人傳達的內容。如果觀眾是混合了形形色色人的團體（由不同的利害關係人以及背景不一的與會者組成），這時需要根據他們個別和共同的目標，安排另一套細節組合。當我們進行溝通時，通常得清晰地理解所有（或大部分）的關鍵點；從這些亮點中，我們應該選擇性地整合出適合不同觀眾的子集。換一種說法：你不是在講自己的故事，而是在**為觀眾製作一個故事**。

現在是銜接到實際應用的適當時刻。我們可以運用從故事吸收到的策略和故事結構，套用在職場溝通。接著我們就來討論這個主題。

將故事帶入職場

在商務場合進行溝通時，我們可以利用故事的三大特性：容易記得、情感吸引力、易於複述。我在各種溝通情境都會應用故事架構，我想不到有哪幾次不是因為思考故事發展而受益。充分思考故事發展意味要考慮你的觀眾，以及如何讓他們融入故事，並與故事產生共鳴。

當你開始結合故事的元素（尤其是如果這做法讓你的組織不安，或是牴觸公司文化），請另外尋找適合套用故事的場合。從牴觸的地方開始風險太大。如果不成功，可能會打擊你的信心，損害你的信譽，或是讓故事這方法蒙上污名。這些都不是好結果。但這些結果不代表故事這方法本身無效，而

是顯示它在哪些情況下無法發揮作用，問題可能出在場合的某些細節，或是執行方式不對。

故事何時有效……何時可能無效

使用故事進行溝通，其最佳結果如下。想像自己準備帶領觀眾踏上旅程。你已完成一個偉大任務，可能是專案、已是某領域的專家，擁有獨特的經歷、負責一個研究，或分析了某現象，現在準備帶領觀眾踏上這個旅程，你希望幫助他們以新的方式理解一些東西、進行對話、做出決定、受到激勵願意做些改變。你想要說服他們或讓他們做出某種行動，一個好故事可以幫助你達成這個目標。

你可能會質疑某種情況是否適合說故事，那就是當你覺得它與你的團隊或組織慣用的溝通方式相比，差異甚大。如果現狀是習慣以某種方式呈現訊息，其他人可能會拒絕這種脫離常規的做法。我曾經和一個組織合作，該組織制定了一個必須遵循的標準模板，用於專案完成後的報告與溝通。模板規定必須包含哪些內容而且需要按照特定的順序，大致反映了科學方法：觀察、研究主題、假設、實驗、分析和結論。我和一起工作的小組一致認為，對這事做任何更動都會得罪該組織有重要影響力的人。這可能確實是如此；組織內部的人員通常具備比外人更多的相關背景知識和經驗，能讓高層做決策時參考，指引他們做出明智決定。

也就是說，如果你在這種情況下沒有得到期望的關注或想看見的行動，也許必須以不同的方式傳達訊息。在滿足觀眾的期望以及應用新方法之間搭建一座橋梁，辦法之一是兼顧兩者。完成必須做的事（例如，溝通訊息時遵循既定的模板）。然後搭配新格式，並讓觀眾清楚知道你正在做這事。你可以這樣說：「今天，我想嘗試做點不一樣的事。我仍然提供了大家預期的文

件，而且我很樂意為大家解釋說明。但首先，我想花幾分鐘告訴大家我們專案的故事（經歷的挑戰與付出的努力）。」顯然，你需要仔細考慮，確定像這樣的做法什麼時候會成功，什麼時候會有適得其反的風險。請花時間創作故事，以便在某些情況下運用故事進行溝通時，對你會加分而非造成負面影響。

當你開始使用故事的組成元素進行溝通時，另一個需要謹慎考慮的面向是重大場合，若錯誤或失誤可能會導致嚴重影響的情境。假設你要對自家公司的高階領導層做簡報。請不要像我剛才建議的那樣，這不是使用故事溝通的最佳場合。建議一開始先在風險較低的場合測試一下，在那裡你有觀眾的支持；或者在你更可能成功進行溝通的場合。這將提高你的自信和可信度。隨著時間的推移和成功經驗的累積，自信和勇氣累積的氣場就會出現，你可以善用，愈來愈熟練地在高風險場合中使用故事進行溝通。

當你確定了一個適合使用故事進行溝通的場合後，首先要確認緊張點。

確認緊張點

當我們在商業場合分享訊息時，緊張點是重要卻經常被忽視的組成元素。當我在工作坊講授關於故事的課程時，我傾向在演示時語調或行為表現變得相當戲劇化，特別是在討論緊張點時。這是為了強調緊張點的重要性，但大家不該認為故事要創造戲劇性才更有效。重點是，不要為了讓故事有緊張感而故意編造。雖然沒有緊張點，我們一開始或許沒有什麼可交流的。但是更確切地說，我們要確認某場合真正存在什麼緊張點，以及如何讓其他人看見它。當我們嫻熟地做到這一點，自然會引起觀眾的注意，以及更容易激勵他們採取行動。

回想一下第一章討論的內容。我一再強調的是，了解我們的觀眾以及清楚他們看重什麼。我們容易專注於對自己有意義的事情，但這並非影響觀眾的好方法。我們需要跳脫以自己為中心的框架，思考**我們的觀眾所處的情境**有哪些緊張點。這又關係到我們在第二章討論的核心想法：觀眾面臨什麼風險與挑戰？當我們成功地確認故事的高潮是什麼，並將它與觀眾關切的利益聯繫起來，那麼我們希望他們採取的行動，就能解決我們在故事呈現的緊張點。

即使你沒有利用敘事弧的結構組織所要溝通的訊息，確認緊張點仍然非常有用。在規畫的過程中，停下來問自己：這個問題的緊張點是什麼？是什麼事情出了差錯或如果出了差錯，其他人會關切？

這種情況下的緊張點是什麼？

我們不斷提到，緊張點是故事的一個關鍵部分。但是如果緊張點不明顯，你應該怎麼做？首先，確認你的觀眾認為什麼是關鍵，攸關利益。我在第二章概述了一個將事情推向極端的策略。重新回頭看一下，看看能否幫助你釋疑。關注當前狀態和期望狀態之間的差距，這是另一種幫助確認緊張關係的攻略。還可以嘗試直接跳到行動上——你希望觀眾做什麼？你希望他們採取的行動能解決或緩解眼前的問題。從行動開始可以幫助你回頭確認緊張點。如果你無法確認緊張關係，可以和其他人（同事、經理或有影響力的重要人士）一起討論。對話可能會給你靈感。如果緊張關係不是很明顯，切勿放棄；繼續努力找出來。透過練習，這將變得愈來愈容易。

一旦你確定了緊張點，就該把注意力放到故事板，沿著敘事弧架構安排訊息。

沿著敘事弧架構安排訊息

當你需要吸引並保持他人的注意力時，一個結構良好的故事可以幫助你做到這一點。正如我們所討論的，以敘事弧為模型安排訊息，有助於觀眾記憶之外，也讓觀眾易於複述給別人聽，請他們幫你傳播訊息。

敘述弧的一個值得注意的特色是它的形狀。然而，敘事弧呈現的平穩、陡峭與對稱的上升下降曲線，不見得是你在商業場合所說故事的確切結構。給自己留些彈性（我們日常生活中的故事也會透過倒敘、預示〔暗示〕等方式而偏離這一模式）。你的故事可能會更平坦；高潮可能只是一個小隆起。張力的最高點可能不會出現在你簡報的中間。你可以一開始就揭露高潮的部分，或在報告的過程中慢慢增加緊張氛圍，以達到高潮部分。你的整體規畫應該包括弧線的各個部分（尤其是我詳述的緊張點）。當我們考慮將故事應用於商業溝通時，比遵循精確模式（form）還重要的是，故事必須有形狀（shape），根據觀眾需求，考量你要溝通的方式、內容以及對象，規畫出一個適合溝通對象的故事形狀。

在這時，我通常會在辦公桌清理出工作空間（如果我出差，我會改用一大張紙，把材料轉移到一張大紙上以方便攜帶）。我準備好一疊便利貼，寫下敘事弧每個主要組成部分：情節、情勢升溫、高潮、情勢降溫、解決辦法。我把這些便利貼排列成弧形，每張便利貼周圍留一些空間，以便必要時有空間添加更多貼紙。

圖4.6　我的便利貼敘事弧

　　這是我喜歡便利貼的原因之一：我可以很容易改變它們在故事板的位子，然後沿著敘事弧排列。這一步可以幫助我確認故事的每個元素都存在。回顧一下敘事弧的組成部分，以這種方式重新安排你的故事板時，可以使用一些相關的想法和問題。以下內容摘自我的第二本書《Google必修的圖表簡報術（練習本）》。

- **情節**：觀眾需要什麼才能進入正確的心態，回應你對他們提出的要求？先確定在這個情境中你掌握了內隱知識，接著透過直接的交流加以分享，確保大家都有相同的假設和理解。
- **情勢升溫**：對你的觀眾而言，存在什麼緊張點？你要用什麼辦法才能把它呈現出來？如何將張力調整到適當的程度，以符合當時的情況和觀眾的需求？

- **高潮**：緊張點的最高點在什麼地方？記住，緊張點不是針對你而是針對你的觀眾。回想一下核心想法，以及傳達觀眾可能面臨的風險與影響。你的觀眾關心什麼？你如何利用這一點吸引並維持觀眾的注意力？

- **情勢降溫**：當故事應用到商業場合時，這也許是最模糊的部分。這部分的主要目的是讓我們不至於從緊張的最高點——高潮，突然進入結尾。情勢降溫可作為緩解這種突兀的緩衝器。把故事應用於商業場合時，這部分可能要提供額外的細節或進一步細分的形式（例如，有關緊張狀況在不同的業務部門或地區的實際情況和影響），或是提供你權衡過的可能選項、解決方案、鼓勵大家參與討論。

- **結尾**：包含解決辦法、呼籲採取行動。結尾是觀眾可以做什麼，解決你所呈現的緊張關係。請注意，它通常不像「我們發現了 X；因此你應該做 Y」那樣簡單，故事往往會添加比這更多的細節。故事的結尾可能是你想促成的對話、可供選擇的選項、甚至可能是你希望觀眾提供回饋讓你的故事更充實。無論什麼情況，你都得確定希望觀眾採取什麼行動，以及如何讓行動清晰、有成效。

當我沿著弧線安排或整理我的想法時，我常會回顧之前製作故事板時，腦力激盪出的各種想法，尋找那些被丟掉的想法中，哪些可被重新使用（形成新的想法），讓故事更完整更有條理，從弧線的一個部分順利銜接到下一個部分。

有時，以這種方式重新整理我的想法，好處是我在故事板中視覺化的想法只須稍加微調。雖然在其他情況下，可能得走一條完全不一樣的路徑，但是無論如何，我發現透過敘事弧的濾鏡重新檢視我的計畫，讓我可以在原有的基礎上做些改進。我分享我的經驗，希望它能夠幫助你完善你的簡報內容。

我沿著敘事弧線安排想法，確認每個組成部分是否都存在，也許會增加或刪除一些便利貼，完成這些編輯工作後，我會暫停一下，思考這個計畫的可行性以及如何實施。

簡報時使用故事

我概述了如何使用故事的形狀和組成部分，作為安排與架構你商業簡報的內容，但簡報的**內容裡**也有使用故事的機會。

多年來，無論是在台上發表主題演講，還是在工作坊教課，我多次將個人故事和說明性例子融入講稿中。我講過的具體故事涵蓋各種主題：和媽媽一起採購開學用品、童年時難忘的耶誕節、我在 Google 服務的經歷、兒子學習閱讀的過程等等，不一而足。雖然這些故事五花八門，但我講這些故事的動機只有一個。我透過個人的故事分享自己的一些經歷，讓別人能夠感同身受，產生共鳴，進而在更深層次上建立與觀眾的聯繫，讓他們對演講內容更投入。每個故事都是為了引起他人的興趣，並凸顯我希望觀眾記住的重要內容。

想想什麼時候你可以透過講故事幫助自己與他人建立關係、闡述概念、表達觀點、樹立信譽、爭取支持、推動變革或鼓舞他人。若想成功整合你自己的故事，必須找到能讓你覺得真實而自然的方式與內容。根據敘事弧規畫你想要講的故事。確定哪些訊息得納入或被強調，哪些須捨棄。勤加練習並請他人提供回饋意見。應用第九章概述的其他策略，持續練習精進，直到能熟練地講述自己的個人故事。

正如我們所言，敘事弧是一個完整故事的簡化架構。完整的故事畫面應該更像之前看到的那座崎嶇不平的山。我想藉此機會強調，你無須向**所有人傳達所有**訊息。牢記你的目標觀眾和所要傳達的具體訊息，評估他們必須知

道哪些要點，以及什麼順序最能傳達你的訊息，進而讓觀眾採取行動。

一旦你滿意故事的大概輪廓，就大聲地講出來。我們將在第九章討論這一策略，以便磨練你的表達能力，但現在就把它當作一個簡單的測試，看看你安排的方式能否創造出可以講述的故事。完成這個練習後，根據需要進行調整。

自己持續精煉故事的內容後，找其他人討論交換意見。正如我們在核心想法和故事板的做法，向另一個人解釋的過程非常寶貴。向一個有影響力的利害關係人講述你的故事，讓他了解故事的內容，或者向一位經理徵詢意見，確認自己是否在正確的軌道上。之後的對話八九不離十能幫助你繼續完善你這個方法。

我們已經探索了如何在一般情況下應用故事的敘事弧架構商業性溝通，接下來我們用一個具體的個案加以說明。

製作一個故事：TRIX 個案研究

在第三章結尾，我們用一個故事板展示把訊息傳遞給諾許客戶團隊的排列方式。現在再看一下這個結構，並應用我們在本章所學到的故事框架。圖4.7 是我創建的故事板。

首先，我必須確認故事的緊張點。這個劇本（情境）的核心緊張點是：由於成本上升，目前熱賣的 TRIX 綜合果豆的配方不能繼續維持現狀。這部分的緊張點被納入我故事的背景（情節），但它不同於我要傳達的故事緊張點。我要傳達的緊張點是：什麼事情出了差池？我把它點出來，並利用它促使諾許公司的客戶群採取行動？問題在於沒有一個明確的解決方案——有些事情我們希望能以某種方式進行，卻未能如願。總的來說，原來的組合是最

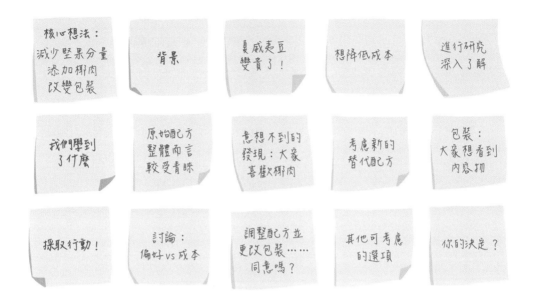

圖4.7 以故事板呈現TRIX的市場研究調查

佳選項。哎呀！這個不受歡迎的消息將引起觀眾的注意，並吸引他們關注很重要的事情。

我準備一疊新的便利貼，寫下敘事弧的組成部分：情節、情勢升溫、高潮、情勢降溫和解決方案。我摘下故事板上的便利貼，沿著我剛剛創造的敘事弧重新排列。

我這麼做時，發現我在簡化的故事板刪掉太多訊息。在敘事弧上安排訊息時，我想到我的觀眾。這是我們第一次與諾許合作。我需要替我的團隊和我們的方式樹立信譽。我必須給諾許留下深刻印象，讓他們願意繼續與我們合作。

為了實現這一目標，一些我最初腦力激盪但棄之不用的潛在內容可能會重新進入我的故事。我必須在整個故事框架（以利於討論和促成客戶團隊做出決定）以及詳細資訊（以展示我們團隊強勁的實力）之間取得平衡。然而，這兩個目標似乎有衝突。

因此我應該如何前進？

當我遇到瓶頸——現在就是這樣，我通常會嘗試一些做法。首先，我自工作抽離，創造一些空間和距離，以便更清晰地看待問題，讓觀點得以發展。例如我會離開辦公室，去散步或跑步。當我能擠出些時間，我會把注意力轉移到其他工作，讓事情在我的腦海中反覆思考和沉澱，直到冒出更好的想法。或者等我準備好（或是受到截止日期逼迫）再回頭去做這件事。

在 TRIX 這個具體個案，這些便利貼架構在粗略的弧線上，也有一些未分類的想法堆在我桌子的一側。整個過程中，各種想法在我的大腦中醞釀。我定期檢視這些便利貼：重新安排順序、添加和刪除想法。有一度，我確信應該採用「由你自己選擇什麼樣的冒險故事」，亦即我先概述我們團隊所進行的各種工作方向與領域，讓諾許的客戶團隊自己決定採取什麼方向。但是進一步思考後，我發現這並不是一個好主意。由於我非常熟悉這個專案、我們的工作、數據和研究發現，所以處於一個獨特的有利位置，可以引導觀眾了解整個專案的情況。若是讓客戶自己主導怕會削弱我的專業知識和信譽。放棄了「由你自己選擇什麼樣的冒險故事形式」後，我想到一個有用的點子。如果我把故事弧線與團隊所進行的所有工作的詳細線性路徑結合起來，不知結果會如何？

當我陷入瓶頸或測試想法是否可行時，我採用的另一個策略是與其他人討論。如果我找不出額外的時間，又必須趕在最後期限之前完成，這個策略往往會幫助我更快走出困境。在這種情況下，我會與專案團隊的一位同事一

起檢查我的新想法,然後敲定我的計畫。首先,我講述 TRIX 的故事:我們透過深入的市場研究和分析得到哪些發現,以及我們認為客戶應該採取什麼行動。然後在附錄中,我將納入我們工作的全部細節,並且以易於瀏覽的方式組織這些資料,以資證明我們團隊強勁的工作實力。儘管這是和我們長期合作的客戶,對我們的專業知識和方法已經很放心,不需要提供該客戶額外的證明或資料,但這麼做在 TRIX 這個個案上是有意義的。這凸顯出我們一路走來始終堅持的做法——明確知道成功應該是什麼模樣,並設計出最佳策略,成功實現這些目標。

在確定了這一點之後,沿著敘事弧線安排故事就可以加快腳步。我不再覺得一定要把所有東西都塞進故事的主要情節,因為我們會提供一個完整的附錄。當我向觀眾介紹我們團隊的工作和發現時,會先確定自己希望沿著什麼路徑或方向引導觀眾理解我們的工作和發現。見圖 4.8。

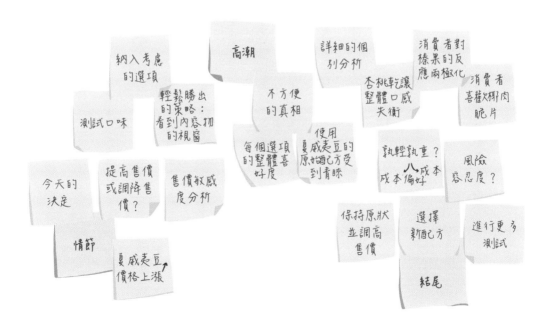

圖 4.8 以敘事弧呈現 TRIX 的市場研究專案

　　類似我一開始在故事板所做的規畫，我將從結尾開始——我想為客戶團隊建立的決策框架。然後我會設定故事情節：一種關鍵成分的價格上漲顯示需要改變綜合果豆的配方。在情勢升溫中，我將介紹我們進行的市場研究和探索的可行選項，最後達到高潮，揭示一些不變的真相：原來的配方更受歡迎，而且接受測試的兩個替代方案都存在明顯的問題。在情勢降溫中，我將揭露並非所有的希望都破滅；我們的研究有一些有趣與意想不到的發現。這將銜接到結尾（即解決方案），客戶團隊的重要人士將權衡我們的建議和其他一些選項，然後決定該如何繼續前進。

　　敘事弧與我一開始的故事板並沒有出現太大差異。然而，應用故事的結構形成我的方法，幫助我以不同的方式思考問題，也讓我的觀眾清晰地了解整個故事的始末。這幫助我找到在達成目標的同時，也能兼顧內容的細節。由於這一切的努力，我現在有了比一開始更好的計畫。

　　我希望你也覺得自己有能力做到這些。認真思考你的觀眾——他們是誰？如何確認和滿足他們的需求？構思你想要傳達的訊息。整理能夠支持你訊息的碎片化資訊。建構故事，設計路徑，以利於你引導觀眾理解你要傳達的訊息，並鼓勵他們採取你希望的行動。你已充分考慮成功的模樣，也融會貫通了我們到目前為止討論的所有要素，你已讓自己處於不敗的位置。

　　現在你已有了攻擊計畫——你要講述的故事。

　　下一步則是準備素材，幫助你實現攻擊計畫。

第2部　製作内容

第 5 章

設定風格與結構

　　你已經深思熟慮規畫了溝通的訊息，接下來該創造支持你溝通的素材了。這部分的重點是將內容整理成投影片，我發現這是開會與簡報時最常見的商業溝通形式。若你需要在商業以外的場合進行溝通，別擔心，下面許多策略也適用於不同場合；請你根據具體情況自行斟酌判斷。

　　假設訊息將呈現在觀眾面前。你或其他人將上陣，講解你製作的文稿或投影片等簡報素材。溝通形式可能是面對面實體進行，也可能在線上，我們將介紹在這兩種情況下使用的策略。不管是哪種情況，製作投影片時都要記住一個重要觀念：**投影片不是傳達訊息的主角，你才是。**

　　這與我們慣用的操作方式背道而馳，因為我們習慣製作可以獨立播放的投影片，亦即無須講者解說，觀眾就可以自己理解和學習投影片上的內容。若簡報材料須被廣傳、以達分享與交流的目的，那麼可獨立存在的投影片是合理的形式。然而，當你製作需要現場簡報的內容時，投影片是用來支持與輔助你溝通的工具，而非反其道而行！正因為如此，你呈現的材料，需要考慮使用不同形式的設計。把投影片視為有用的幫

手，它們可以把抽象的概念視覺化，幫助你解釋細節，提醒你下一個要講的主題是什麼，或是凸顯你提出的觀點。但**你**才是那個負責大部分溝通工作的主角。你的投影片應該是助理，能為你這個講者的表達與溝通能力加分。

說到投影片，它們可能包含文字、圖表和圖像，這些是我們在「製作內容」這部分（分別是第六、七、八章）探討的主要類型。在進入這些章節之前，本章會非常務實，目的是建立基礎的風格和結構，作為後續章節的風格和框架。

首先是確立風格和結構

現在可以打開你的簡報程式。不過，**還不到**製作投影片的時候。首先，花時間積極確立你溝通的風格和結構。雖然這看起來也許是多餘的步驟，但正是這一步驟能替你製作的內容增色，與眾不同，也能讓你設計的投影片和你規畫的故事相輔相成，互相加分。

說到風格，我指的是投影片的設計元素，主要包括：顏色、字型和版面配置。就像思考故事的框架與順序時，你會考慮要為觀眾創造什麼體驗，在確立風格時也要記住這一點。也許公司或組織有現成的品牌形象（如公司的Logo 標誌），你可以參考並納入設計，或者你想從零開始。我們將討論這些不同的情況，但無論是哪一種情況，你的設計都應該符合你簡報的主題以及內容要呈現的語氣（輕鬆、正式？）。

確立好簡報的架構，讓我們能將手工規畫所得的成果帶入簡報軟體工具裡。這有助於把製作簡報素材的過程細分成可管理的小區塊，以便在更短的時間創造更優質的內容。在團隊合作時，提前確立風格與結構，可以讓每個人站在相同的起跑線上，並讓大家了解如何將各自負責的部分融入整個簡報

裡，進而讓溝通更為順暢。

在這一章，我將分享自己實際使用和教授的三步驟，幫助你確立簡報的設計風格和框架：

1. 確立風格；
2. 製作投影片母片（slide master）；
3. 確立結構。

首先討論第一個步驟。

確立風格

顏色、字體和版面配置：這些設計元素加起來，決定你材料的整體外觀和感覺。某些情況下這些都已設定好了，無需你操心。有些情況下，你需要自己選擇與決定。不管什麼情況，都有其優缺點。

品牌形象決定風格走向

你的公司或組織可能已經花時間建立和定義了品牌形象，這很可能轉化為指定的字體顏色和字型，有些公司會建議你蕭規曹隨，有些則規定你必須照做。公司可能有一本風格指南，概述這類細節，例如正確使用公司的 Logo 標誌等等，甚至可能有一個現成的模板，包含預設的顏色、字體和版面配置，可以套用在你簡報所使用的應用程式。

如果有現成模板，請套用。

雖然有些人不屑使用品牌形象的模板，因為他們認為模板會造成束縛，

綁手綁腳，但我建議你重新調整這個觀點。使用已經存在的東西對你而言是相對輕鬆的起點（如果你不是設計師的話，更能減輕你許多工作）。這會讓整個過程更加有效率，因為需要考慮的決定減少許多。標準化模板也會提升專業感和一致性。

會議投影片模板

大型會議通常會提供講者模板。儘管如此，當我為主題講座準備投影片時，我多半違背自己的建議，**不會**使用主辦方提供的現成模板。因為我希望這場演講的風格能代表我自己、我的公司和我的主題，而非代表會議。我理解主辦方希望統一每個人的演講風格，並推廣他們的品牌。為了滿足我的目標，同時也滿足主辦單位的目標，我的開頭和結尾會使用主辦單位提供的標題投影片和結尾投影片。首尾之外，我會為演講內容設計自己的投影片（包括標題投影片，以便接軌到自己演講的內容），某些情況下，我會使用會議版本的顏色或字體，增加整體的統一性。想看看這個做法的效果，請參考我二〇一九年在 Tableau 年度會議（Tableau Conference）發表的演講，《低技術的超能力：用數據說故事的秘訣》（low-toch super powers for data storytelling）（storytellingwithyou.com/superpowers）。

如果標準化模板真的很糟糕，那就另當別論。當有人抱怨投影片模板，最主要的抱怨都與顏色和視覺受到干擾有關。就我個人而言，我不相信「我們品牌的顏色搭配很糟糕」這樣的說法。如果你把許多顏色放在一起使用，這說法也許成立，但是巧妙地把黑色和灰色融入品牌的某個顏色，幾乎八九不離十能緩和顏色搭配的問題，而且大家多半能接受，即使你被要求使用指定的顏色也不例外。接下來的章節，我會實際示範這些例子。

更難克服的是，當你在投影片模板添加任何內容之前，這些模板在視覺上就已夠讓人眼花撩亂，難以讓觀眾集中注意力。這可能是由於鮮豔的背景顏色或圖案、添加的裝飾、突出的商標使然。如果你必須使用有這些「有挑戰性」的元素，代表你必須更謹慎地對待要添加到投影片的內容，一般來說，比例要比原來計畫的還少。你還必須斟酌再斟酌，既要創造足夠的視覺對比效果吸引注意力，又不至於讓觀眾眼花撩亂不知所措。

如果你發現自己的設計和現成的投影片模板有衝突，請尋找管道，有技巧地提供回饋意見給堅持用它或創造它的人。另外，你也許可以找到一些彈性的空間，直接做些小幅度更動。

透過不斷練習精進版面設計的風格

正如我們剛剛所言，不妨將品牌形象整合到可視化的溝通裡。然而將這些元素不著痕跡地融入你的投影片需要練習。這裡提供一個低風險的練習機會，利用我第二本書《Google 必修的圖表簡報術（練習本）》提供的習題，現在就開始吧！

找出兩個具有辨識度的知名品牌。例如，你可以選擇某家公司或某個球隊。如果你挑選兩個在風格上差異很大的品牌，會更有趣，也會增加學習的成效。研究與品牌相關的圖片，列出十個形容詞，用以描述品牌的外觀和給人的感覺。

接下來，選擇一張你已經完成的投影片。分別加入你選的品牌的設計元素與特色，重新設計出另外兩張投影片。完成後，比較這兩張微調後的投影片。每張給你的感覺如何？你是否成功地將你所列的形容詞生動地呈現出來？你如何概括品牌的元素？並在溝通時考慮納入哪些元素，以便更有效地傳達品牌的形象？這樣做的好處是什麼？是否有些情況無須與品牌的形象與特色保持一致？

　　如果你有一個以上的簡報模板，我建議你選擇最簡單的。你的起點愈空白，你為每張投影片添加內容時就愈有彈性。如果沒有標準模板，不妨考慮製作一個。

　　接下來我們進入第一個步驟。

確立你的風格：顏色

　　當你決定不用模板，而是從零開始，這時需要做更多的選擇與決定。這可能是有趣但會令人不知所措的過程，特別是對自己設計能力沒有信心的人。我不建議你在簡報軟體裡使用預設的模板，它們通常會給觀眾的視覺帶來過大的負擔（因為元素太多），並使用不合適的配色和字體。

　　你的投影片一開始要簡單，並可從一些素材裡尋找靈感。當我要為投影片確立風格時，我的第一個選擇往往是顏色。有許多線上資源可以提供援助，Adobe 公司的 color.adobe.com 是不錯的資源，根據當前趨勢，提供多種顏色組合，還提供工具讓你自訂調色盤。Google 為了進行藝術與文化實驗，在 artsexperiments.withgoogle.com/artpalette 提供了根據數千件藝術作品的配色調色盤。美國國家公園管理局在推特和 IG 上標注 #NPScolorforecasting 的貼文會上傳國家公園大自然顏色的配色調色盤。這些只是少數幾個線上配色資源，還有許多各式各樣線上調色盤生成器，幾乎收錄所有東西的顏色。例如在 degraeve.com/color-palette，你可以上傳任何圖片的 URL（庫存照片、你最喜歡的襯衫照片等等，然後立刻獲得照片中各個顏色的代碼，生成器會為你進行各種配色與選色！）。

　　在選擇顏色時，請牢記你的目的。你是否正在製作一個可成為整個公司或團隊小組的標準模板？若是，顏色組合應該配合公司的標章和品牌形象，

並有足夠的彈性可符合多種要求。反之，如果你必須根據客戶要求，量身定做資料內容，這時必須選擇與資料內容主題相關的顏色，或者能符合你希望傳遞的情緒或感知的配色。

當我們的視覺傳播元素被渲染成特定的色調時，人們會傾向於以某種方式來感受。圖 5.1 顯示了美國人常見的色彩聯想。

嚴肅，獨特，優雅，大膽，強大，複雜，昂貴，夜晚，死亡
保守，經典，負責，沉悶，憂鬱，權威，中性，邏輯，豐富
實用，保留，信任，權威，尊嚴，安全，自信，經典，穩定，信任
寧靜，複雜，水
涼爽（冷靜），健康，肥沃，新鮮，環保，有知覺，自然，可靠
食欲，平靜，舒緩，清新，年輕
，樂趣，快樂，日落，繁榮
自發，樂觀，速度，歷史，秋天，樸實，豐富，傳統
保守，樸實，健康，美味，富有，質樸，溫暖，自然，精緻
美味，昂貴，奢華，侵略，激情，性感，力量，強大，自信
活力，恐懼，速度，危險，興奮，好玩，熱帶，調情，浪漫，甜蜜
品嘗，陰柔，純真，柔軟，青春，世故，神秘
靈性，戲劇，財富，皇室，青春，創意，浪漫，感性，懷舊

圖5.1　美國人常見的色彩聯想

色彩聯想因地區而異（若要了解整體概況，請參考大衛‧麥肯雷〔David McCandless〕在網站 informationisbeautiful.net 發表的可視化報告《色彩與文化》〔Colours in Culture〕）。思考這些因素如何影響你在投影片模板使用的配色，或如何為某個溝通目的選擇適當的顏色。

此外，投影片還要包括足夠多的顏色種類和彩度，以便你能為不同的元素製造視覺上的區隔，需要強調某元素或降低某元素的重要性時，可以有選

擇性地進行調整。我建議加入黑色和一系列的灰色，這些中性顏色可以讓你在使用單一顏色強調某元素時，有更多的選擇。同理，黑色和灰色也可以用於降低某元素的視覺重要性。若想要降低某元素在投影片的重要性，可以使用低強度黑色和灰色減輕視覺影響力。我們將在第六章和第七章進一步探討視覺層次化的策略，並研究具體的實例。

確立用資料說故事的風格

　　我在二〇一〇年成立「用資料說故事」（SWD），並為公司設計商標。它萌芽於我在部落格的一個簡單藍色文字名稱。顏色和字體選用微軟 Excel 預設的標準選項，我也在 Excel 製作所有圖表。當我覺得公司需要一個 Logo 時，決定自己設計，將柱狀圖融入文字名稱，並將字體從 Arial 變更為 Avenir，這是為了配合我出版的第一本書。然後漸漸地，公司 Logo 從基本的藍色換成更大膽、更明亮的版本。

　　雖然公司 Logo 隨著時間逐漸改變，但用來描述公司品牌形象的形容詞始終如一：平易近人、容易存取、乾淨、清晰、一致、鼓勵、友善、人性化、精煉、優質、簡單、周到、可信賴和熱情。這些描述指揮我們的行為方式和可視化的溝通方式。我們確立投影片的模板，用於我們工作坊的授課，並經常為新的簡報內容添加不一樣的設計元素。本章針對 TRIX 個案所設計的投影片就是一個典型實例。

storytelling ▮▮▮ data
WITH

圖 5.2　SWD 公司的 Logo

一旦你選定了調色盤，直接將顏色添加到投影片的應用程式。你可以在 storytellingwithyou.com/slidecolors 觀看這步驟的影音教程。

設定你自己的風格：字體

字體設計（typography）是一個完整的專門領域，專注於印刷品的設計，字體是其中很重要的一部分。我絕非這方面的專家（我也不是色彩方面的專家；我分享自己的心得，是基於實際使用這些設計的經驗）。大多數字體設計師可能對我長期採用 Arial 字體這件事感到震驚吧！我相信字體設計是溝通的另一個重要面向，就像我們提到的其他許多面向一樣。從簡單的字體開始，再根據需要，隨著時間逐漸增加細節。

認識字體設計

字體（或字型）同樣也能喚起觀眾的感覺，儘管程度上通常低於顏色引起的情感反應，除非字體具有獨特的風格，如 *手寫字體* 或 **筆觸非常粗的麥克筆字體**。在選擇字體時，一個初期常見的問題是：選擇有襯線的字體？（有裝飾性的線條，從字體的末端延伸出去，如 Times New Roman 字體）還是不帶襯線的字體（本書設定更簡潔的 Avenir 字體就是一種不帶襯線的字體）。

有三種主要管道可以獲得字體：系統字體、免費字體和專業字體。系統字體是電腦裡可選用的字體（前面提到的 Arial 就是其中一個典型例子）。另外可從 fonts.google.com 免費下載字體。而專業字體則是需付費才能使用的字體。

如果你想進一步了解字體設計，有一本實用又有趣的參考資料《巴特里克的實用排版設計指南》（*Butterick's Practical Typograph*, practicaltypography. com）。

談到商業性溝通用到的字體，我主張把可讀性放在首位。我建議選擇簡單的字體，確保文字大小適中，方便觀眾閱讀。我偏好無襯線字體，因為看起來比較乾淨俐落。我選擇有明顯粗體選項的字體系列，用來強調單詞或短語。我不愛混用不同的字體，但偶爾也會這樣做（我的第二本書《Google 必修的圖表簡報術（練習本）》）就是混用 Avenir 和一種客製化的手寫字體，營造一種不太正式的感覺）。

如果我必須讓其他人看到我製作的投影片，或者要使用別人的電腦播放，我會選擇系統字體（已安裝在電腦裡的字體）。從另一台電腦播放投影片時，如果該電腦沒有下載特殊字體，系統字體會自動替換特殊字體。亦即投影片的排版設計會與原本的預期有落差，也可能出現其他格式問題，因為字體的大小不同。為了避免這些問題，分享自製的投影片之前，將文件儲存為唯讀的 PDF 檔案，如果要播放投影片，則選擇系統字體。如果只會在你自己的電腦上觀看自製的投影片，你有更多選擇。

沒有看到字體實際應用在投影片之前，我很難選擇該用什麼字體。所以如果我打算使用一種新的字體，通常會先不選擇，直到我開始認真地製作投影片，以便可以並排比較不同的選擇。我將在本章稍後概述我為 TRIX 個案製作投影片時，經歷的這個過程。

製作投影片母片

這時如果你的公司或團隊有現成的簡報模板，就拿來用，然後跳過這一步；直接進到**設定結構**的部分。

如果沒有標準的模板，或是你決定另創一個新的，就得花時間製作一個投影片母片。投影片母片儲存有關簡報的主題、投影片的版面配置等訊息。

　　在母片你可以輸入選擇的顏色和字體，也可以決定投影片的版面配置。如果設計得好，母片有助於提高簡報內容的連貫性，也會加快每一張投影片的製作速度。

簡報應用軟體

　　在商業場合，我最常遇到的投影片應用軟體是 PowerPoint、Keynote 和 Google Slides。這些工具本質上沒有好壞之別；而是你使用軟體的方式以及你為簡報所製作的內容，決定你的溝通成效。我的建議是你必須了解你選擇的工具，以免限制了你的能力。如果你遇到問題，好好 Google 一下，通常會找到許多資源幫助你脫困。

　　我將帶領你循序漸進了解我製作簡報投影片母片的過程。雖然我使用的是我最熟悉的 PowerPoint，但你可以把類似的做法套用在其他投影片的應用程式。

從一張空白投影片開始

　　我先打開 PowerPoint，新增一個簡報檔案，接著在〔檢視〕索引標籤下瀏覽投影片母片，並刪去微軟既有的設計和內容。首先，我刪除 PowerPoint 提供的版面配置選項，但 Microsoft 的預設選項中，其中兩個選項刪不掉（位於左邊縮圖窗框最上面的兩個，分別是主題投影片和標題投影片）。然後，我刪掉這兩張投影片裡的每個版面配置區（placeholders，也叫占位符或預留位置，可輸入標題、項目符號、日期、頁碼等等）。

　　為什麼花時間做這些？因為我不想用別人設計好的版面配置，這些預設

占位符係為了滿足許多情況的基本要求。我精心設計的投影片母片，滿足的則是**個別**情況的**確切**需求。

　　刪除一切物件後，我只剩兩張空白的母片：一整片空白的版面。首先要完成主題母片，然後開始設計版面配置，並視實際需要，插入更多的版面配置。主題母片與版面配置構成的母片組，將成為我製作投影片的模板（板型）。

圖5.3　我的投影片母片，從一片空白頁開始

　　在圖5.3，左側縮圖窗框最上方的白色矩形是我設定主題母片之處。這張母片的每個元素（無論是靜態元素還是版面配置區；我馬上會講到這兩者的區別）都會出現在對應這個主題母片的每個版面配置。若有一張投影片想要偏離這個設定，可以根據需要隱藏或覆蓋某個設計元素，這做法比較符合實情。接下來我們就開始製作投影片的母片組，從最頂層的主題母片開始。

設定母片的主題投影片（theme slides）與內容投影片（content slides）

假設我將代表我的公司「Storytelling with data」為客戶做簡報，這表示我在製作投影片時，已有一些現成的設計元素。我使用 SWD 的調色盤，裡面包括我們公司 Logo 的亮藍色和一些與亮藍色互補的色調。我堅持繼續使用 Avenir 字體，也就是本書英文版所使用的字體（一種已安裝在電腦裡的免費字體）。

我希望主題投影片維持簡單的風格。先在左側縮圖窗格的最上方矩形預留位置（placeholder，或譯占位符），編輯（插入）母片的標題樣式。我把顏色設置為藍色，字體選擇 Avenir Medium，並在右下方添加公司的 Logo。

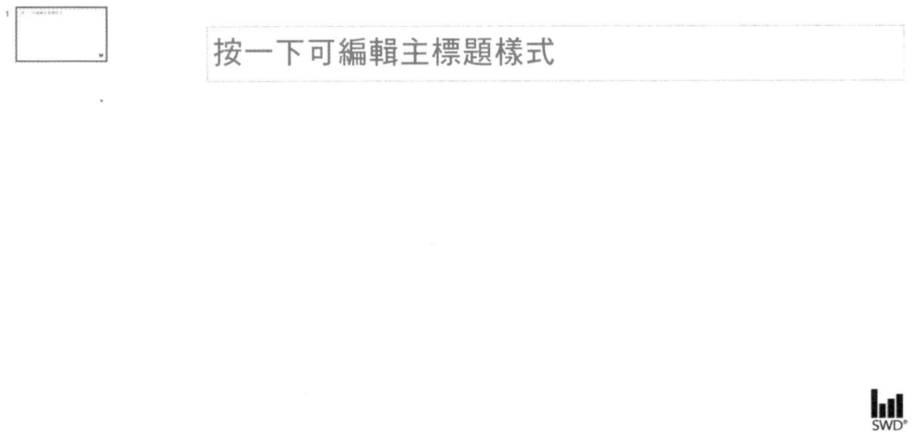

按一下可編輯主標題樣式

圖 5.4　投影片母片的主題投影片

現在我完成主題投影片的格式設定。當我插入內容的版面配置（content layout），每張新增投影片都會和圖 5.4 一模一樣。若要每張投影片都套用相同的格式，只須點滑鼠右鍵插入版面配置即可，這樣就能達到風格一致的效果。

如果我希望多一些不同的自訂格式，必須新增版面配置的投影片，並一一進行變更。例如，我想改用黑色的標題取代藍色的標題。或是有時候不希望投影片秀出公司黑色的 Logo：為了做到這一點，我可以在黑色 Logo 上方放一個白色矩形，見圖 5.5。在母片檢視模式下，你會看到投影片母片出現在縮圖窗格頂端，下方是相關的版面配置，包括一張版面配置完全複製主題投影片的格式，以及另外兩張格式稍做變化的版面配置。

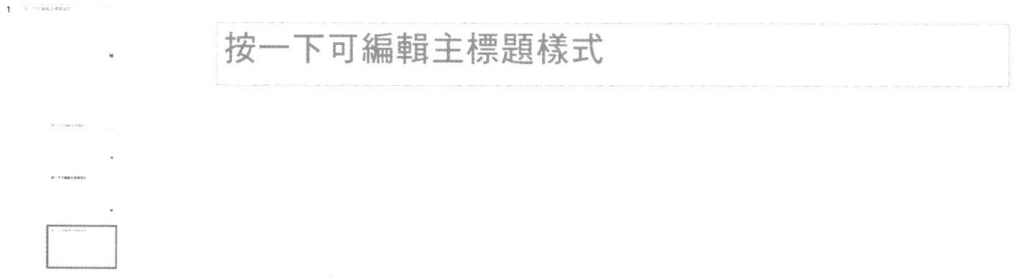

按一下可編輯主標題樣式

圖 5.5　投影片母片，母片下是格式各異的內容投影片

請注意，左側縮圖窗格從上到下，只有第二個仍然是空白。這是我的標題投影片（title slide）版面配置，接下來就是要完成這部分，同時加上一些分割線投影片。

設計標題投影片和分頁投影片

這麼多張簡報投影片，哪一張最先出現？答案是標題投影片。當觀眾走進會議室、登錄線上會議，或是在會議中心找位子就座時，就已看到螢幕上秀出這張投影片。因此往往是標題投影片給觀眾留下第一印象。所以把標題投影片當成幫你暖場的可視化工具，為你接下來的報告預做鋪路。

標題投影片是我首先讓大家看到我選擇的顏色、字體、Logo（或圖片）以及其他格式的地方。我也會用標題投影片決定觀眾對我簡報主題的期待，我會在第六章討論用字時，進一步探討這個做法。

我在投影片母片的檢視模式下進入標題投影片（它出現在母片檢視模式下的第二張，緊跟在主題投影片之後），在版面配置區（虛線格內）輸入標題，並將標題的版面配置區放在我想要的位置。我放大文本（text）、設定顏色、決定字體，以符合我個人的風格。如果需要的話，我還會添加副標題的版面配置區（subtitle placeholder），並設定它的格式，以便符合整體的設計風格。

此時，我通常還會添加分隔投影片（divider slides）。這有助於強調某個重點，或者在視覺上分割或區隔不同的重點。我喜歡用各種顏色的投影片，以配合整體主題的調性。為了做到這一點，我會插入更多版面配置，並將背景格式化為我想要的顏色（在這個例子，我用了藍色、橙色和藍綠色）。我還增加標題的版面配置區，然後進行格式化並決定它們的位置。我不喜歡黑色與彩色的對比，所以我把標題的版面配置區和 Logo 都重新格式化為白色，用於分頁投影片。我將新增一個純黑和一個純白的版面配置（將背景格式化為我要的顏色，並用一個白色矩形覆蓋白色投影片上的黑色 Logo），因為我發現我滿常用到這些。

圖 5.6 顯示我做了上述所有更動後的投影片母片。

圖5.6　更動後的投影片母片組

我重新命名了主題母片和母片下的各個版面配置。當我退出投影片母片，插入一張新的投影片後，會從母片組已經預先設置的多個版面配置，選出其中一個，如圖 5.7 所示。

圖5.7　從新主題（重新命名的母片組）選擇一個版面配置

雖然我將製作母片組的過程說成是一個線性流程，先完成一種版面配置，接著再設計另一種，直到完成一套完整的模板。不過實際上，這往往是一個反覆迭代的過程，需要不斷微調優化。我會先製作最頂端的母片，然後在製作簡報的文字、圖表等實際內容時，把這些內容套用在不同的版面配置，看看它們的視覺效果，然後微調這些版面配置。

你的製作流程和版面配置可能與我相異，這完全不成問題！我分享我的做法，僅因為它們可能有用。在我製作母片的流程中有個特點，我的版面配置通常不會有預設的內容預留區（content placeholders，諸如帶有項目符號的文字框或預留放置圖表和圖像的區域等等）。因為我喜歡在每張投影片上一一決定每個元素的位置。儘管如此，如果你的團隊或組織有滿多人使用模板，尤其是如果由不同的人製作一組投影片時，使用模板可能會提高一致性和效率。因此，請按照對你可行又符合你情況的方式進行設計。

一旦你完成投影片的母片組，接下來該設定口頭報告的結構。

設定結構

我力主在為每張投影片添加內容之前，先替簡報建立骨架。我們已在第三章的故事板和第四章的故事形成過程，討論如何建立框架，所以你應該有了基礎。現在是時候在你的簡報軟體實現它。完成投影片母片之後，最好在把具體內容放入每張投影片之前，先建立整套投影片的結構與框架，這有助於你將注意力放在整體流程上。這樣，當你要開始全面充實投影片內容時，就不會分心或迷失方向。

為投影片命名

備妥完成的故事板或敘事弧，使用現成的模板或你自己設計的模板，建立一個新的簡報檔案，在這個檔案中添加一個標題投影片（我們將在第六章討論如何下個成功又吸睛的標題，屆時將探討如何善用文字的魅力）。現在則先以主題作為標題，接著再添加一張內容投影片。根據規畫，把你寫在第一張便利貼上的內容作為投影片的標題。這時要忍住在投影片添加其他內容的衝動，這種先建立簡報整體結構的過程可以讓你從不同的角度審視簡報稿，如果你覺得有什麼細節是你絕對想添加的（例如，如果某想法與某張投影片有關，這想法讓你印象深刻，你不想割捨），那就把它放到那張投影片下方的注釋區。一旦你開始編輯內容，這就會成為你參考的資源。繼續這個

重點式標題和橫向邏輯

我非常支持使用重點式標題（takeaway titles）。我們將在第六章進一步討論這個概念（並看看各種例子），但這裡只是先預告，讓你為每一張投影片添加標題時思考這個問題。在每一張投影片確定你想傳達的主要觀點，用一個句子表達，所以必須簡潔（力求單刀直入）。一旦你找到清晰且簡潔的點，就用它作為這張投影片的標題。

將想法從故事板或敘事弧挪到投影片，這個過程相對容易，因為你可能已經規畫好整個故事的架構和脈絡，也答得出「這個故事對觀眾的意義是什麼」。

當你把想法從便利貼搬移到投影片時，繼續這樣做。當你為每張投影片添加標題時，避免使用描述性標題（what），應該提供為什麼（why）這些內容對觀眾重要（亦即觀眾可以從中有何收穫，所以英文叫 takeaway title）。若你只閱讀了投影片的標題，一套投影片所有標題集合起來，應該能成功傳達你整個故事的內容。這就是所謂的橫向邏輯。

過程，直到你把所有的想法從你的便利貼（或任何其他載具）挪到簡報軟體上。我將在本章後面分享一些實例。

完成這個過程後，從頭到尾瀏覽一遍你剛剛添加的標題，它們是否準確反映你要傳達的內容？

如果你的回答是肯定的，簡報又簡短，故事弧也簡單，那就直接跳到下一步，開始在各個投影片上增添內容。但若是一個較長的簡報，特別是如果你想傳達的故事牽涉多個面向，可能得考慮增設一個導航方案（navigation scheme）。

添加導航方案

就像書籍的目錄一樣，導航方案決定你簡報的結構，這樣觀眾就知道待會兒會聽到什麼內容，以及內容出現的先後順序。講者往往忽略簡報時這個基本而重要的步驟。當你在準備簡報稿或演講稿時，你清楚其中的細節，所以很容易直接進入正文，但你的觀眾不像你一樣了解。所以事先讓他們知道內容的大致規畫或脈絡，有助於觀眾理解和吸收內容。添加導航方案的另外一個好處是，它讓講者你在設計和傳達內容時都能保持在正確的方向。

導航方案除了為即將登場的內容預做鋪路，也有助於觀眾找到自己需要的資訊。使用導航方案時，我主張置於靠近開頭的地方。此外，當你從一個主題過渡到下一個主題時，不妨再回到這個導航頁面。透過這種方式，你可以讓別人清楚知道你現在講到哪裡，因為它關係到你已經講過的部分以及接下來你要進入的部分。

讓我們更具體些。假設你正在準備一個簡報，報告你對某供應商所做的分析。你已經完成故事弧，並將內容分為五個部分。你可以用一張包含數字和文字的簡單投影片介紹這些主題。見圖 5.8。

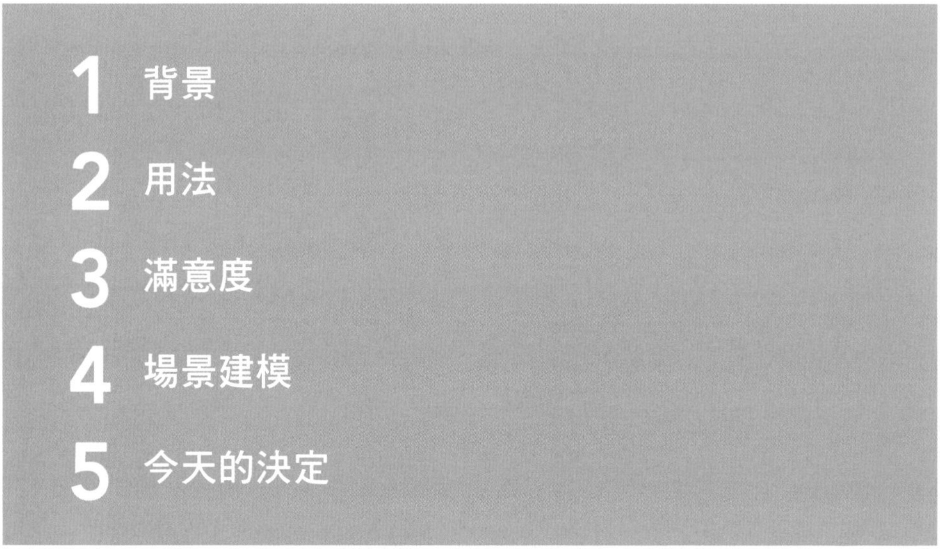

圖5.8　**供應商分析報告的導航頁面**

　　當你講完第一部分的具體內容後，會重新回到這張投影片，只是格式上可能稍稍有些變化，藉此引導觀眾進入下一個標題。見圖 5.9。

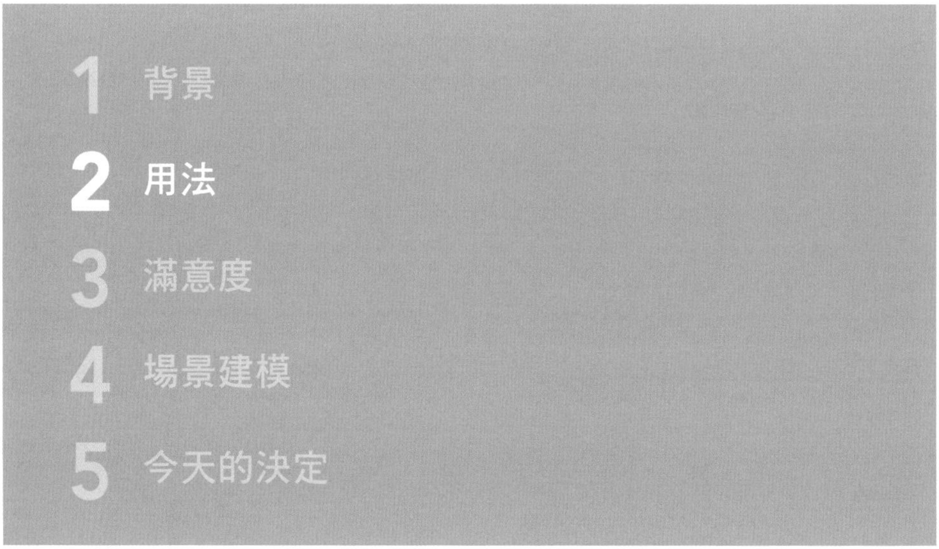

圖5.9　**進入第二部分**

當你編排內容順序時，從每個部分過渡到下一個部分的過程是相似的。

導航頁面的具體外觀和視覺感受將因情況而異。若是企業簡報，導航頁面的投影片可能只包含簡單的數字或文字，就像我們剛剛看到的那樣。若是大型會議簡報，則可以有更大的自由度發揮創意進行設計，也許可以加入圖像或其他吸引觀眾眼球的元素。本章稍早我提到我在 Tableau Software 公司舉辦的年度會議上發表演講，我以自己孩子的故事（這與我即將講到的主題相關）作為開場白。我在一張投影片上使用他們的圖像，介紹我學到的三個心得，然後從一個心得銜接到另一個心得時重新回到這張投影片。圖 5.10 顯示我在故事之後放了這張導航頁面，共三個部分。

簡要介紹完這些心得後，我把觀眾的視覺注意力導引到第一個心得——超級寫手，然後進入這部分，詳談這部分的內容。

講完第一個心得的所有投影片，我重新回到原始的導航頁面，這一次將大家的注意力集中在中間第二張投影片——好奇貓，稍後我們將再次分析運用導航頁面的具體例子，讓你看到觀眾如何更容易跟上簡報的進度。

圖5.10　我為Tableau年度會議演講所設計的導航頁面

圖 5.11　進入第一個心得

　　無論是簡單設計還是更有創意，我建議導航頁面在美學上與你簡報的正文內容有所區隔。導航頁面是一種對觀眾（和你自己）的視覺提示，提醒他們和自己有些內容即將發生轉變。所以你可以在投影片的母片組設計一個或多個分隔投影片。

在投影片檢視模式下看到所有投影片縮圖

　　無論是否使用導航頁面，在投影片檢視模式（slide sorter view）下一次看到所有投影片的縮圖，瀏覽簡報的整體框架，這功能可以讓你用另一個角度再次查看你規畫的內容。

　　我建議你在添加投影片標題後再進行檢視縮圖的操作。如果使用導航頁面，則可以再次打開檢視縮圖模式，檢查導航方案是否順暢。若你使用視覺效果明顯區隔的版面配置（例如添加彩色背景或圖像的投影片），這可以讓

你一目了然地看到規畫中的每個部分（主題），快速評估每個部分的相對順序和長度，確定是否符合你想傳達的訊息以及時間長度是否適中。

　　圖 5.12 顯示在檢視縮圖模式下，我為 Tableau 年度會議規畫的整組投影片。

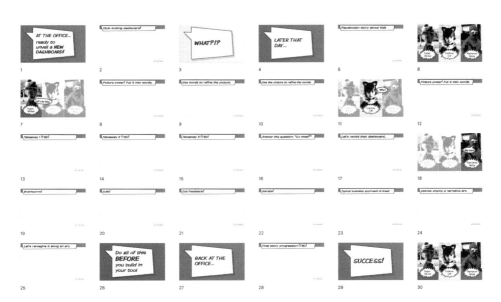

圖5.12　瀏覽投影片縮圖

　　我最初的框架包含了：分隔投影片（有顏色的背景和漫畫式文字）、導航頁面（重複顯示我三個孩子的圖像與相應的重點）、以及僅有標題的空白投影片（placeholder titles）。其中許多僅有標題的空白投影片轉化為內容更豐富、需要更多投影片加以說明的內容，因此我最後定稿的投影片共有一百七十四張！在前期建立這種架構有助於提高整組投影的邏輯性和連貫性，更有效率地傳達訊息和想法。

　　在投影片檢視模式下瀏覽並口頭解釋簡報文稿的大綱，有助於你繼續評

估文稿的結構和內容。這時也是尋求回饋意見並進行改進的理想階段。你開始建構每張投影片的具體內容之前，在這裡確認自己的方向正確無誤。我們很快將進入如何建構每張投影片的內容。

在此之前，我們再多看一個例子。

設置風格和結構：TRIX個案研究

現在你已知道我製作投影片的整個流程概況，讓我們逐步看看如何落實在我們一直討論的TRIX個案。我的第一步是確定風格。我完全從零開始。為了保護原公司、產品和團隊的隱私，我杜撰TRIX這個品牌名稱。現在我要拉開這組作品的帷幕，詳細介紹我選擇這些顏色的靈感來源：攝於猶他州拱門國家公園著名的紅色巨岩，這是國家公園管理局放到社群媒體#NPScolorforecasting的圖片，我從中得到靈感，用它來設計簡報投影片的配色（你可能會認出這個顏色方案——我非常喜歡它，所以它也影響了本書的設計！）。

圖5.13　#NPScolorforecasting提供的色彩靈感

　　圖 5.14 是我設計的 Logo，靈感來自於上圖的顏色調色盤。我甚至模仿原始圖像秀出顏色調色盤的方式，也將這些顏色變成橫向矩形放到我的 Logo 中！

圖 5.14　TRIX 的公司 Logo 使用拱門國家公園圖片的配色

　　我在 PowerPoint 上自訂 TRIX 的顏色，並將其存為色彩模板（請參考我在本章稍早提到的教學視頻），以便在 PPT 中方便而快速地使用，不必每次動手調整顏色。儘管我為 Logo 選擇粗體字體，但我知道主要字體的易讀性和對比度非常重要，所以想要看看是否還有其他選擇可達到這個目的，但我將這決定推遲到建立投影片模板（母片）時再做，以便並排比較不同選擇有何差異。

　　在 PowerPoint 的投影片檢視模式下，我刪除所有預設格式，從空白開始設計。首先，我設計標題投影片，我嘗試將 Logo 放在不同的位置，並比較不同的背景顏色。最後我選擇一個以白色為主要背景的投影片，標題和副標題使用大塊的藍底矩形。見圖 5.15。

　　接下來，我嘗試各種字體選項。我參考了《巴特里克的實用排版設計指南》。我想要使用系統字體，以免在共享簡報時遇到問題。作者馬修・巴特里克（Matthew Butterick）不贊成過度使用系統字體，但他確實指出了幾種「一般大眾可容忍」的字體。我在標題投影片添加了文字，並快速測試了可

圖 5.15　標題投影片

容忍字體清單上的二十一種字體，再把我最喜歡的幾種字體存檔。

我將選擇範圍縮小到一種有襯線字體（Book Antiqua，風格類似中文的明體）和三種無襯線字體（風格類似中文的黑體）。我想要一種既有趣又專業的感覺，且能夠與我強烈的色彩調色板形成對比的字體。Book Antiqua 的襯線感覺過於正式。Helvetica Neue 與我過去常用的 Arial 字體相當類似。我想要走不同的風格。Optima 字體太細，導致深色背景上白色文字的對比度較低，這不是我喜歡的。透過淘汰法，我選擇了 Gill Sans MT。

完成標題投影片的設定，並決定字體後，我開始設計內容投影片。我喜歡在每張投影片的頂部預留一個突出的標題空間，用來強調主要的重點。我為這個標題文字添加一個占位符，投影片剩下的位置則保留空白，除了右下角放一個小 Logo。西方觀眾已經習慣從頁面或螢幕的左上角開始閱讀，然後以「Z」字型方式移動他們的視線，亦即投影片的右下角是他們最後看到的

Book Antiqua

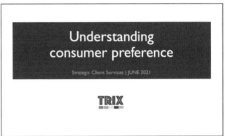

Gill Sans MT

Helvetica Neue

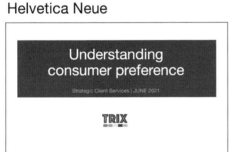

Optima

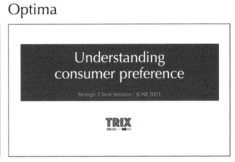

圖5.16　比較不同字體的差異

地方──這是一個完美的位置，可以提醒他們該品牌的 Logo，又不會分散他們對其他元素的注意力，我將在每張投影片添加這個小 Logo。

　　我在這張投影片添加一條深藍色的標題欄，從最左邊往右延伸，而且沒有將標題欄延伸至最右邊，而是故意留下一些空白空間，目的是吸引觀眾的注意力往右看標題。

　　我將 TRIX 的 Logo 往右，對齊標題的最右邊位置，以便在每張投影片右側留下適當的邊界空間。在實際設計投影片時，我會在標題文字左右兩側，以及商標底部以下，保留空白區域，確保投影片周圍有足夠的空白區，乾淨的邊界能讓觀眾視覺不受干擾，更專注和理解投影片內容。

按一下可編輯主標題樣式

圖 5.17　內容投影片

　　我設計分隔投影片。我用多種不同的顏色填充投影片的背景，並添加基本文字的占位符。我根據拱門主題顏色的每種顏色（共五色），新增一個分隔投影片。圖 5.18 是深藍色的版本。

　　經過這個過程後，我完成了一個名為「拱門主題」的母片組。它包含標題投影片、內容投影片，以亮藍色、橙色、黃色、深藍色和藍綠色為背景顏色的分隔投影片，以及一張純白色投影片和一張純黑色投影片。

圖 5.18　分隔投影片

圖 5.19　名為「拱門主題」的母片組

接下來，我會使用我的拱門主題開始一個新的簡報，並設計導航頁面。

你可能還記得我在手工規畫過程中放棄了一個想法：由觀眾自己選擇冒險故事的敘事方式。不過當我開始設計導航方案時，這個構想仍然盤旋在我腦海中。我希望能夠在視覺上呈現，我們採取了一條曲折蜿蜒的路徑：包括深入剖析許多面向，巨細靡遺收集和分析數據，最終得出我們向客戶建議的選項。

我設計了導航投影片，如圖 5.20 所示。我仍在考慮是否在簡報中包含詳細的內容，因此在簡報中為導航方案顯示的每個主要部分添加了分隔投影片。然後在每個部分添加了標題投影片。圖 5.21 顯示我完成這步驟後所有投影片的縮圖。

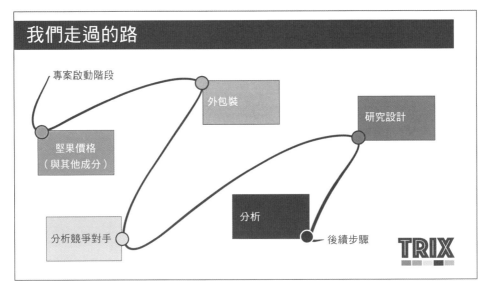

圖 5.20　導航方案初稿

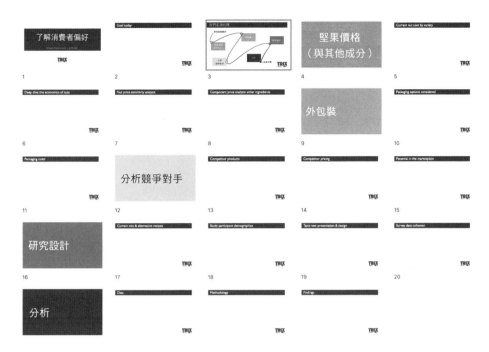

圖5.21　一開始的全部投影片縮圖

　　看到這樣排列的簡報內容，重新回到故事弧時，我發現自己有點偏離軌道，所以決定不納入所有的詳細內容，而是使用最初為導航方案準備的投影片，簡要介紹我們團隊為這專案做了哪些事。我會告訴觀眾，詳細內容放在附錄中（在附錄裡，我會重複使用導航頁面，讓有背景顏色的分隔投影片區隔各個部分），並且在講完 TRIX 的故事後，樂於為觀眾進一步介紹各部分的內容。

　　回到我的故事弧，我將用投影片講述這個故事，如圖 5.22 所示。

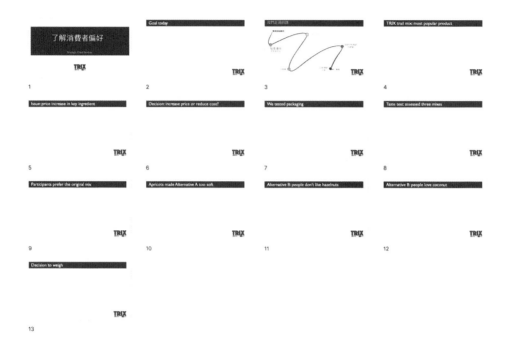

圖5.22　修改過後的投影片縮圖

　　首先，我將說明個案的背景，分享該專案的整體目標，以及我們這次會議的具體目標。然後，我將使用我設計的視覺化路徑圖，簡略介紹我們為這次專案所採取的多條路線。其餘投影片將講述 TRIX 的故事。以下是從第四張投影片開始的每張投影片標題，方便大家閱讀：

- TRIX 綜合果豆：最受歡迎的產品
- 問題：關鍵成分價格上漲
- 決策：提高價格還是降低成本？
- 我們測試了新包裝
- 口味測試：評估三種配方

- 受試者偏好原來的配方
- 杏桃乾讓替代方案 A 的口感太軟
- 替代方案 B：受試者不喜歡榛果
- 替代方案 B：受試者喜歡椰肉脆片
- 需要權衡的決策選項

　　現在，簡報的投影片風格和結構都已完成，接下來開始設計每張投影片的實際內容。

　　我們將從基本且重要的元素開始：文字。

第 6 章

用文字說出來

投影片上的文字在視覺交流與溝通中發揮關鍵作用。它們可以激發觀眾的興趣，設定觀眾的期望值，且能闡述、解釋和加強重點。但文字也可能讓人感到不知所措、複雜難解、煩躁和分心。

我們每天都會用到文字，無論說話還是書寫，都少不了文字。但是簡報中使用文字的方式並不一定遵循這些活動的慣例。你是否曾認真思考過如何為一場演講或簡報下個出色標題？是否質疑過某張投影片上的字數太少還是太多？

也許正是因為文字看起來很簡單，所以多數人並未對它們多費心思。在演講場合，若我們不仔細檢查遣詞用字是否合宜，它們很容易造成反效果。我們大多數人都有過或理解這種常見的濫用現象：文字前面帶著項目符號或編號的可怕投影片。我們將剖析為什麼這種做法行不通，並介紹其他替代做法。簡報投影片所使用的文字，除了要達到清晰溝通的目的，還有更多細微的因素需要考慮。本章重點討論如何在簡報投影片善用文字的力量。

首先，我們將探討如何發揮文字魅力，為視覺化溝通（投影片）添加標題。

用文字為投影片添加標題

你肯定曾為演講或投影片添加過標題。你是怎麼做的呢？對於許多人而言，習慣選擇**描述性**標題，亦即描述簡報主題與重點的標題。這做法在本質上不是什麼大問題，但我認為講者錯過了善用文字的機會。我們可以用有創意又有趣的方式為簡報和投影片添加文字標題。

使用預示性標題

讓我們從第一張的標題投影片開始。描述性標題可能是「供應商分析」、「最新的競爭態勢」或「季度業績檢討」等等。

正如第五章所指出的，標題投影片是觀眾與你的簡報第一次接觸的地方。利用它吸引觀眾的注意力，預告你即將闡述的有趣觀點，或點出你希望刺激觀眾進一步思考的面向。可考慮把上述標題改成：「改變我們的供應商策略可以降低成本」，「在最新的競爭態勢中，我們正逐步占上風」，或「上個季度（大多數時候）業績表現強勁」。它們與之前列出的描述性標題有何差異？

我建議的標題和上述介紹的描述性標題存在幾個重要區別。修改後的標題不僅點出主題，而且呈現更完整的思路。在某些情況下，它們甚至是完整的句子。比方說，英文簡報裡，原有標題使用的是每個字彙的首字母大寫格式（title case），而修改後的版本只有句子第一個單字的首字母大寫（sentence case）。這是個人偏好，但標題要合邏輯，才能有效地達到溝通目的，所以

理應鼓勵標題呈現完整的想法，而不僅是簡單的主題而已。上述修改後的標題，每個都為即將出現的內容埋下伏筆。在某些情況下，修改後的標題透過使用「我們的」和「我們大家」等人稱代名詞，拉近觀眾（和講者）的距離，讓主題與觀眾產生更多連結，不會顯得過於抽象。

　　如果你覺得完全捨棄描述性標題難度過大，可以嘗試結合描述性和預示性標題的做法。主標題用描述性標題，但添加一個預示性的副標題（或反之亦然）。圖 6.1 是一系列標題投影片的標題，我還另外增加了第四個例子。第一張投影片（左上角）有一個描述性的主標題和解釋性的副標題，其他投影片的標題則相反，主標題凸顯讓人更感興趣的部分，但保留描述性副標題，以便提供觀眾必要的背景訊息。

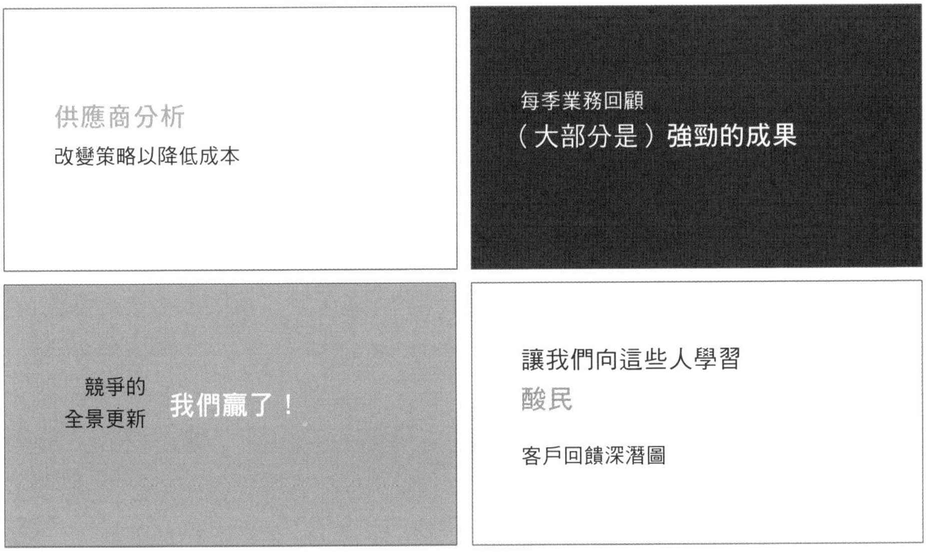

圖6.1　商務簡報的標題投影片

在商務會議中，我們可以從描述性的標題轉向更加精煉的標題，這種方法同樣適用於正式的演講場合。比如，我為大型會議擔任主講人，為演講的主題命名時，如果使用「用數據說故事」這個標題，可能不足以吸引觀眾的注意力，我可以改用「透過圖片和故事，讓數據活起來」這樣的標題。這標題不僅可以稍稍透露我即將報告的內容，而且還能引起觀眾的好奇心和興趣。圖 6.2 是我實際使用的演講標題，包括第五章提及的 Tableau 年度大會演講。

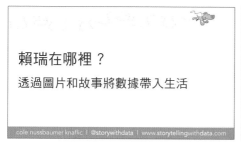

圖6.2　大型會議的演講標題

商務簡報的標題投影片只簡單地呈現文字和一兩種顯著的顏色，反觀大型會議演講的投影片設計則更能自由地發揮創意。比較圖 6.1 和 6.2 時，我觀察到兩個值得注意的差異。首先，字體設計更多樣。商務簡報投影片通常使用公司選定的字體（我的商務簡報投影片一律使用 Avenir 字體），但在

大型會議上，為了博觀眾的眼球，可以嘗試不同風格的字體。另一個區別是將圖片或其他視覺元素加到大型會議的標題投影片。雖然在一般的商務簡報中，我通常不建議這樣做，但在較大的演講廳或會議中心的舞台上發表演講時，這樣做的效果還不錯。我將在第八章更詳細地討論在這兩種情境中如何使用圖像。

用投影片的標題有效傳達關鍵重點

下標題時，另一個需要考慮的重要面向是投影片的標題。一如演講或簡報的標題，我發現大家習慣使用描述性標題作為投影片的標題，這會讓你錯過有效傳達訊息的機會！如果這是你的習慣，務必改掉。先決定你想讓觀眾記住你說了（或播放了）什麼重點，然後以此重點作為投影片的標題，我稱之為**重點標題**。首先，以一個完整的句子表達你的要點，然後根據需要簡化這句子，讓句子簡潔有力，長度適中，吻合投影片標題的空間大小。避免多行，否則畫面看起來雜亂，會影響觀眾聽你講話。

現在我們用一個例子具體說明這個現象。舉描述性標題「淨推薦值」（Net Promoter Score）為例，這是衡量客戶滿意度常用的指標，分數愈高愈好。大家想像一下，若我把想在某張投影片上表達的主要想法轉化為以下句子：「淨推薦值已經上升，然而當我們深入分析，會看到客戶群愈來愈兩極化，且推薦者（滿意的客戶）和批評者（不滿意的客戶）的比例高於今年稍早的調查。」雖然我可能會口頭說出這些內容，但它們會占用我在投影片頂部太多的空間。因此我會把它改成更簡潔有力的標題，例如「淨推薦值上升，但客戶愈來愈兩極化」。如果我想強調後者，我可以再進一步，把標題改成「令人擔憂：客戶群愈來愈兩極化」。結果淨推薦值上升變成了背景資訊，重點明確集中在需要關注的點上。

一個出色的重點標題可以幫助我設定觀眾的期望。就像我舉 NPS 的例子，我們可以用投影片標題讓觀眾知道他們應該對這個主題抱持什麼期待。你也可以使用投影片標題提醒觀眾，你將採取什麼行動。使用**了解、討論、決定**等動詞，讓觀眾明白你希望他們做什麼。透過標題，讓觀眾對你的簡報或演講有所準備，有助於你的觀眾集中注意力，並按照你期望的方式行動。在第七章，你會看到更多相關的內容。

回顧橫向邏輯

你還記得第五章介紹的「橫向邏輯」嗎？它是設定簡報與演講結構的一種方式。進一步了解何謂重點標題後，現在不妨再重溫一下什麼是橫向邏輯。我們已經討論了有效標題對於投影片的重要性。當你構思了一個流暢而豐富的故事，並在每張投影片使用重點標題，觀眾只需閱讀投影片的標題就可明白整個故事的主要脈絡。如果你測試後發現觀眾還是不懂，表示你可能缺少一部分內容，或是過渡內容需要進一步微調。

現在，我們已經討論完有關簡報和投影片標題的重要性，該將注意力轉向文字作為投影片主要內容的一些策略。

文字作為內容

有時候，我們覺得我們所設計的每張投影片都應該有一個花稍的表格、圖像或圖示，但是文字本身也可以作為內容。勿小看簡潔文字的魅力。

將故事結構直接納入投影片的方式之一是，以故事的敘事弧作為設計框架，應用於簡報或演講的每一張投影片。圖 6.3 顯示敘事弧（參見第四章）。

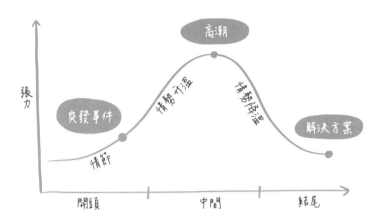

圖6.3 敘事弧

不妨想想沿著這個敘事弧架構，文字投影片可能會是什麼樣子。

故事開始：情節投影片

與觀眾溝通時，一開始通常要先設定一個背景。也許你想藉這背景資訊，提醒觀眾上次開會進展到了哪裡，或是讓之前未參與專案的人了解最新狀況，以便和已參與專案的人站在一致的基礎上。或是藉背景資訊強調一個重要的事實或統計數據，或是僅僅想讓其他人知道你打算討論的主題以及這麼做的原因。

文字可以幫助你完成這些任務。儘管如此，你必須謹記，講者**口語表達**仍然是主要的溝通方式，文字投影片只是輔助講者的工具。

首先，讓我們來看一些**使用較少文字**的投影片。當投影片只有幾個字，這些字會顯得更重要。這就是空間留白的威力（**空白以外**的有限元素，如文

字，就會脫穎而出）。當你要傳達重要訊息，在投影片上只放這些文字便可凸顯你口頭傳達的資訊，並可確保重點不會被忽略。也許你想凸顯一個值得強調的數字：「十個客戶中只有一個會向他們的親友推薦我們的服務。」為了達到強調效果，整張投影片只放了這麼一句話，這會造成什麼感覺？

圖 6.4 顯示兩張投影片如何呈現這句話。請注意每張的設計有所不同，想想什麼時候你會選擇其中一個版本而放棄另一個版本，以及為什麼會這樣？

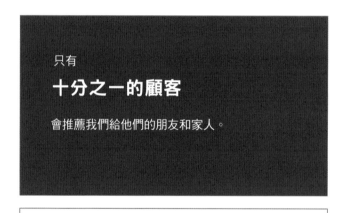

圖6.4　空間大量留白的投影片，文字能省則省

　　還有一個例子也會在投影片上大量留白，文字能省則省。回想一下第二章介紹的「核心想法」。我們那時主要把它作為工具，幫助你構思清晰又簡潔的訊息。既然你花了時間完成核心想法，將它直接傳達給觀眾也是可行的。一個方式是用一張投影片專門介紹它。

　　假設我的核心想法是：我們有機會透過改變供應商策略，以合理的成本讓患者高度滿意。針對這個核心想法，我可能會製作一張類似以下的投影片。

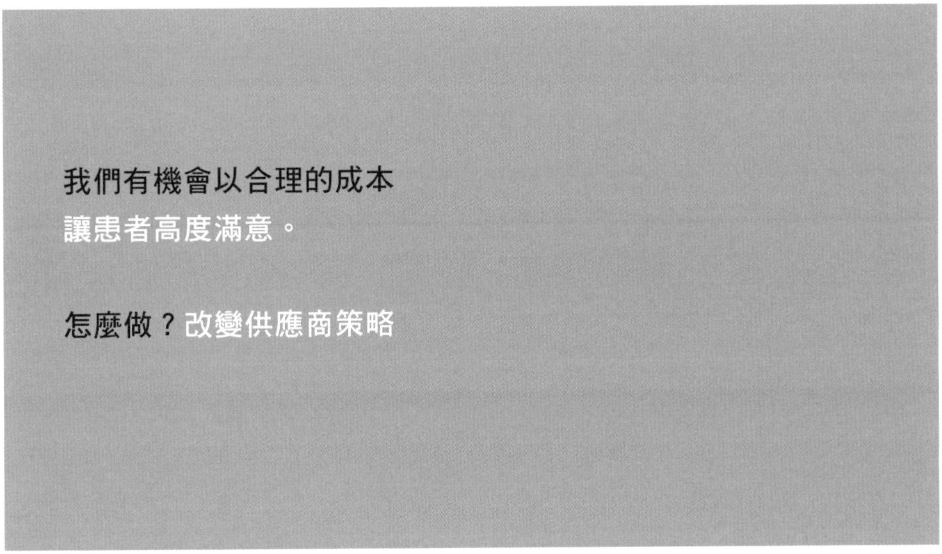

> **我們有機會以合理的成本**
> **讓患者高度滿意。**
>
> **怎麼做？改變供應商策略**

圖6.5　核心想法投影片

　　若照我的方式，我可能會從一張投影片開始，這張投影片只顯示整個故事的第一句話，提供觀眾背景資訊（我們面臨的機會）。然後，我可以決定是否要先讓他們知道，我想引導對話的方向；還是在故事發展的過程中逐步建立這個想法。我經常會在簡報的開頭先提出核心想法，作為整個簡報內容的引言，然後在簡報最後再回到這個核心想法。一開頭使用它，有助於設定

觀眾的期望值，而在完整簡報之後，再次回到核心想法，可以鼓勵利害相關人士針對所討論的問題再深入討論，或者幫助他們提出值得深思的問題。重複核心想法也有助於強化主要觀點，讓觀眾更容易記住和重複。

在投影片上建立視覺層次感

花心思在投影片上建立視覺層次感，表示你在編排訊息時，並非所有元素都被一視同仁或平等對待。凸顯最重要的面向，成功吸引觀眾的注意力。你可以透過字體大小、粗體、使用最少的顏色，或置於頁面突出的位置實現這一目標。此外，努力將較不重要的訊息置於背景，擔任參考資料的角色，以免分散觀眾的注意力。在文本方面，若想弱化某些文字的重要性，可以透過使用較淡的顏色（灰色）、較小的字體、放置在投影片底部等方式。這種視覺化的層次感能提醒觀眾如何處理訊息，也能避免資訊量較大的訊息壓垮觀眾，讓觀眾易於瀏覽與理解。在本章，我們將分析一些以文字為主的投影片，接著在第七章，分析以數據為主的投影片。

我們已經看過幾個言簡意賅的投影片例子，但是當我們想分享的訊息不止幾個字時，我們該如何處理？觀眾無法同時閱讀投影片和聆聽你演講。如果他們開始閱讀，表示已停止聽你說話。你不想失去他們的注意力，這情況是否意味我們不能在投影片使用較多的文字？其實不然。這表示我們需要用心地設計投影片，通過格式與布局讓文字投影片易於瀏覽，亦即一次只出現一些文字，或者暫停一下，讓觀眾有時間閱讀。讓我們看看以下一個例子。

圖6.6是一張情節投影片（plot slide），目的是希望大家對這次會議的目的達成共識。

今天的目標

1 **告知大家有關董事的最新趨勢**
由於最近升職和流失現象，以及預期公司持續
成長，我們預測整個組織對董事的
需求會出現愈來愈大的缺口。

2 **考慮到可能擴大的缺口，重新審視董事策略**
我們可以使用一些手段扭轉這一趨勢：我們可以
進一步了解什麼原因導致人才流失並設法緩解，
用心培訓經理儲備幹部並拔擢更多人才，或者增聘董事。

我們對此展開討論並做出前瞻性策略。

圖6.6　**較多文字的投影片，在格式上多花些心思以利瀏覽**

　　像圖 6.6 這樣的投影片可以在簡報開始後沒多久出現，用來簡介我簡報內容的架構，並讓觀眾明白我希望實現的目標。這個投影片有很多文字（有些人可能認為字太多）。然而我已非常用心設計便於觀眾瀏覽。觀眾可以快速閱讀彩色和粗體文字，掌握要點。此外，這種方法讓我能夠呈現更多背景資訊，以免自己在演講時漏掉重要內容，同時為其他人準備簡報內容時也非常有用。

　　你也可以微調這張投影片，減少它的文字量。我的做法是刪除大部分（或全部）較小的黑色文字（這些文字將變成我的演講備註）。

別把投影片當作電子提詞機來用！

簡報時，溝通成效不佳的文字投影片莫過於充滿條列式的文字排版。我敢打賭，幾乎每個做簡報的人都曾做過這樣的投影片（包括我自己）。我們大多數人也曾作為觀眾看過這樣的投影片，真是太痛苦了，因為我們觀眾默讀投影片文字的速度遠快於講者大聲念出來的速度。我們瀏覽完這些文字後（並沒有真正聽講者朗讀，因為閱讀時很難同時聽講者說話），重新將注意力關注講者時，才發現演講者還沒有講完這些條列式文字，我們只好把注意力轉到他處！

如果你發現自己正在製作這類電子提詞機式的投影片，無論是為自己還是為他人，罷手吧。決定每個條目的內容：核心主題或重點是什麼？你可以用簡潔有力的方式陳述嗎？把這些敘述文字放在投影片上，同時也保留背景資訊，只不過背景資訊是放在投影片下方的備註中。在本章末尾的個案研究中，我們會看到具體例子。

我們已經看過一些以文字為主的情節投影片。現在我們來看看進入故事後，文字投影片會是什麼模樣。

故事繼續發展：中間部分的投影片

雖然我發現自己的文字投影片多半出現在開頭情節和結尾解決方案的部分，但有時候也會出現在故事中間的部分。出現這種情況時，我通常會採用以下三種策略：暫停講話讓觀眾專心閱讀、逐步顯示文字內容、有選擇性地凸顯重點。接下來，我們一一分析每個做法。

假設投影片引用了客戶的讚美和肯定，剛好可為我們強調的某一點增加可信度和說服力。這時我可以設計一張文字投影片，如圖 6.7 所示。在播映這張投影片之前，我會說類似以下的話：「我想請大家花點時間，讀一位客戶最近寄給我們的評論。」

客戶**超愛**新的掃描功能

> 我一直非常認真地使用貴公司的卡路里和健身
> 追蹤應用程式，因為它是測試版，
> 並與我所有的朋友和家人分享——
> 我可能是貴公司有史以來最死忠的鐵粉！
> 掃描標籤的性能改變了遊戲規則。
> 我通常不寫評論，但我覺得
> 我必須公開心得，畢竟我受益匪淺。

圖6.7　讓觀眾花些時間閱讀這個評論

　　我會先放映這張投影片，然後暫停演說，讓觀眾有時間理解消化投影片的內容。在現場演講時，你可以觀察觀眾的閱讀速度，決定需要暫停多久時間（當觀眾眼睛停止左右移動時可以做個筆記）。如果你無法看到觀眾，可以自己在腦海中逐字慢慢默讀（比你認為的正常速度更加從容，畢竟你熟悉這些文字，但對於第一次看到的人來說，閱讀速度會比較慢）。給了觀眾充裕的閱讀時間，再讓觀眾的注意力回到你身上，接著提出你的觀點。

　　第二種方式是逐行或逐段秀出評論，而不是一次性秀出整個評論。這種方式在線上簡報的效果不錯。逐行或逐段秀出文字可讓你在講解時仍保持觀眾的注意力（我們將在第七章更詳細地研究這種策略）。這種有節奏、按部就班的方式使用時須謹慎，因為在某些情況下可能讓人覺得支配性過強。

　　第三種方法是，我不需要讓觀眾閱讀整個評論就能表達我的觀點，我可以透過選擇性強調，減少觀眾消化文字資訊所需的時間和心力。這方式借用

了本章介紹的視覺化層次概念。圖 6.8 顯示兩款設計，透過顏色、大小和位置等方式，選擇性強調少數幾個關鍵字，藉此吸引觀眾的注意力。

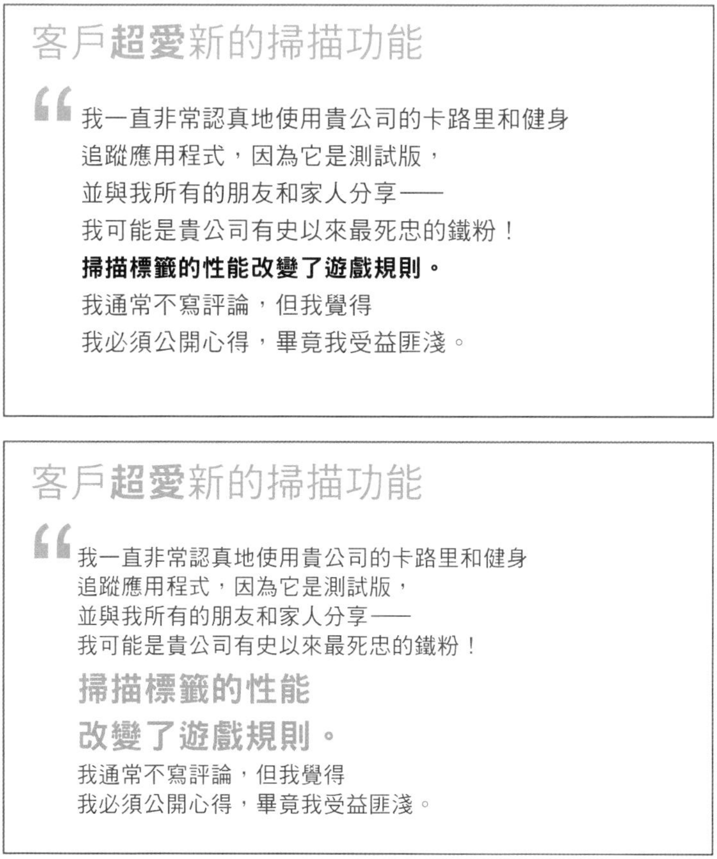

客戶**超愛**新的掃描功能

❝ 我一直非常認真地使用貴公司的卡路里和健身
追蹤應用程式，因為它是測試版，
並與我所有的朋友和家人分享——
我可能是貴公司有史以來最死忠的鐵粉！
掃描標籤的性能改變了遊戲規則。
我通常不寫評論，但我覺得
我必須公開心得，畢竟我受益匪淺。

客戶**超愛**新的掃描功能

❝ 我一直非常認真地使用貴公司的卡路里和健身
追蹤應用程式，因為它是測試版，
並與我所有的朋友和家人分享——
我可能是貴公司有史以來最死忠的鐵粉！
**掃描標籤的性能
改變了遊戲規則。**
我通常不寫評論，但我覺得
我必須公開心得，畢竟我受益匪淺。

圖 6.8　選擇性地強調重點

　　請比較圖 6.8 兩種設計之別。當你看到這兩張投影片時，有何感受或印象？對我來說，第一種設計似乎要求我仔細閱讀所有內容，特別是黑色粗體字。至於第二種設計，我覺得只須閱讀藍色文字即可。無論哪種情況，我作

為講者，都能更快地點出重點，這方式比前面兩種更有效。但要注意的是，有些觀眾仍然希望閱讀所有內容，所以他們閱讀的同時，可能無法完全專注於聽你說什麼。

製作故事中間部分的投影片時，即使主要內容用的是圖表、圖形等文字以外的元素，還是不能小看文字，我們將在第七章探討如何善用文字輔助其他視覺化內容，讓觀眾更易於理解這些視覺化訊息。

故事的結尾：結尾部分的投影片

簡報的結尾部分應重申主要觀點或聚焦於希望觀眾採取什麼行動。文字可以幫助你完成這兩件事。

正如我之前所言，我會在簡報開頭部分分享我的核心想法，為簡報或演講定調與鋪路，到了結尾部分，我習慣再次提到它。在每個階段反思與觀察觀眾的狀態很有用。簡報一開始簡介我要溝通的訊息時，尚未提供足夠的支持或解釋，只是提出了一個想法或預示將要談論的內容，此時觀眾可能還不知道如何應對或理解這個想法。反之，在簡報進入結尾的階段，當我重申主要觀點時，因為已經提供必要的細節和支持證據，所以觀眾可以更容易地理解和處理我的核心想法（如果我做得夠好的話）。接下來請看一個例子。

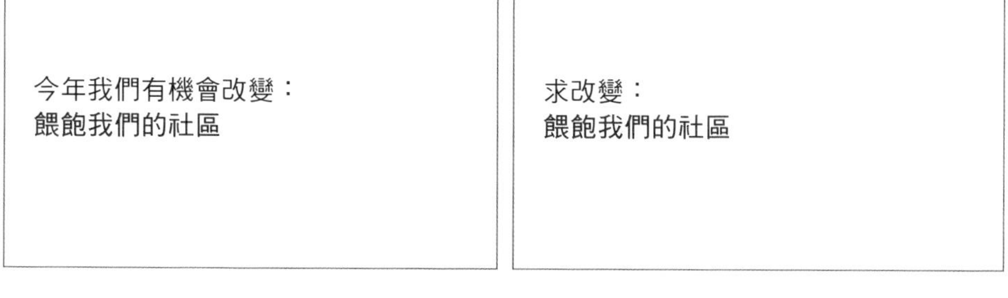

今年我們有機會改變：
餵飽我們的社區

求改變：
餵飽我們的社區

圖6.9　簡報開頭的核心想法投影片（左）與結尾時核心想法的投影片（右）

在我簡報的開頭，我會介紹機會。然後在簡報的過程中，我具體地說明這是什麼意思，包括誰、何時、為什麼、在哪裡、方法等細節。到了結尾部分，我會以更直接且簡潔的方式重申我的核心想法（請注意我縮短了在圖 6.9 右側的訊息）。我會在完成簡報後，保留右側這張投影片，以便與觀眾討論或回答問題時使用。

簡潔、重複的口號

重複猶如橋梁，有助於把短期記憶轉移到長期記憶庫。在商業場合，我們可以善用這一點，透過簡潔、可重複的口號表達主要觀點，傳達我們的故事。回顧第二章中探討的核心想法，將其轉化為簡潔、可重複的口號。這可以幫助你在傳達訊息時，更清晰地掌握重點，同時也可以納入投影片等材料中，讓觀眾更容易記住和回想。這個口號應簡潔、朗朗上口，可以使用頭韻（每個字的第一個字母發音相同）這個技巧。口號不一定要可愛有趣，但一定要好記。

若是現場演講，可在開頭使用簡潔、重複的短語；在演講結束時讓它再出現一次；或是在演講過程中以不同的方式穿插使用。所以當觀眾離開會場時，他們已聽了多次口號式主旨，表示他們可能記住也能夠重複這個口號。

讓我們考慮另一種情況。假設我一開始不介紹我的核心想法，而是逐步引導觀眾理解我的建議。我使用簡單的文字陳述我希望觀眾採取的行動：討論我剛剛提出的建議。見圖 6.10。

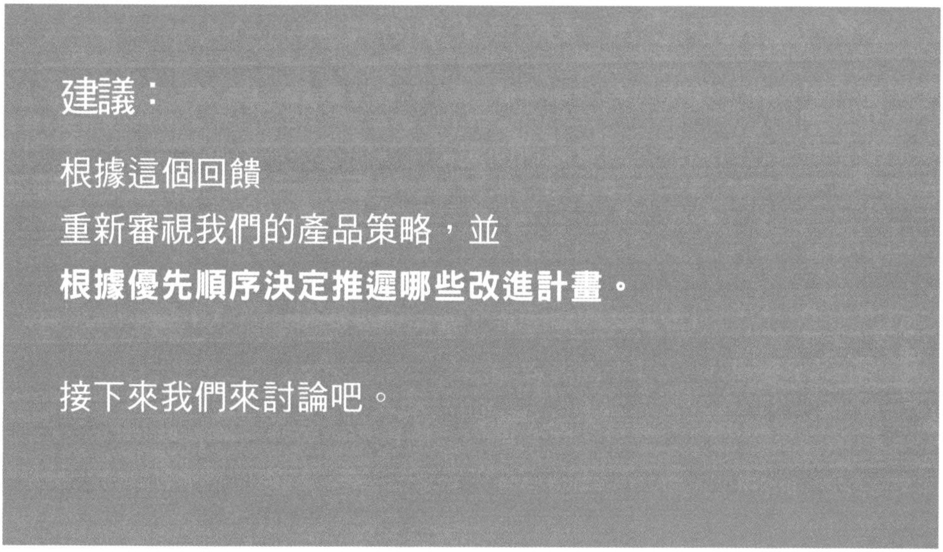

建議：

根據這個回饋
重新審視我們的產品策略，並
根據優先順序決定推遲哪些改進計畫。

接下來我們來討論吧。

圖6.10　以文字陳述建議並鼓勵觀眾討論

　　我們看了很多以文字為主的投影片。書面文字當然不是製作簡報材料的唯一方式，但可以提供你一些想法與技巧，你可以根據自己的需求和目標，創造出一套適合自己的方式。無論是文字或是其他內容，在你製作每一張投影片時，要懂得暫停，退後一步綜觀整體，想想你究竟希望達到什麼目的。然後根據你的演示方式、觀眾對象，以及如何能最有效地實現目標等面向，設計每張投影片。

　　以下幾章，我們將從文字投影片轉移到數據和圖像為主的投影片，再次沿著故事弧製作投影片的內容。在那之前，讓我們先看一個聰明使用文字投影片的例子。

用文字表達核心想法：TRIX 個案研究

第五章結尾是我完成的 TRIX 簡報框架，這將是我與諾許客戶群會面時講述的重點，我將和客戶分享我們團隊市場研究後發現的結果並提出相關建議。再次幫大家回憶一下，我在第五章設定的簡報框架如圖 6.11 所示。

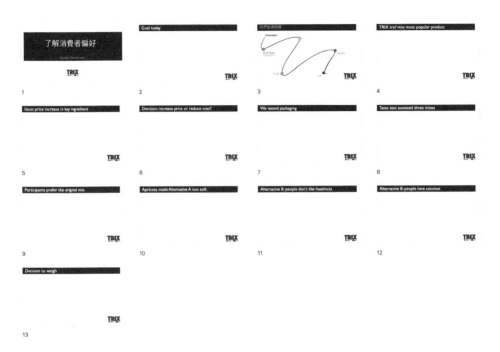

圖6.11　我們在第五章完成的簡報框架

現在是填寫內容的時候。

就像我們在本章開始所做的，就從簡報的開頭（簡報標題）開始吧。圖6.11 的標題占位符是「了解消費者偏好」。這是非常描述性的敘述。如果我的標題不僅介紹主題，也涵蓋我想要做的事（幫助觀眾了解消費者偏好），還想展示我們的發現，結果會如何？也許我可以善用標題，添加一些讓人好

奇的元素，吸引觀眾的注意力。

　　為了精準傳達我要溝通的訊息，我回頭複習第二章的核心想法：**考慮使用另外一種配方，不會完全淘汰大家喜歡的夏威夷豆，只是減少該成分的分量，用椰肉脆片遞補，並修改包裝，讓潛在客戶可以看到內容物，這個策略既可降低製造成本又可滿足消費者偏好**。在本章，我們談到如何用一張投影片傳達這個核心想法。另一個策略是，將核心想法濃縮成一個簡潔、可重複的口號，用這口號作為簡報的標題。

　　在這種情況下，問題的核心聚焦在夏威夷豆上。它們是原始配方的關鍵成分，但不斷上漲的成本是催生這次專案的最大成因。我們發現消費者非常喜歡夏威夷豆。我們的建議是保留這種關鍵成分，但得減少用量，這樣既能兼顧消費者的喜好又能降低成本。綜合考慮這一切，我將我的核心想法濃縮為一個簡潔有力的口號：**魔力藏在夏威夷豆裡**。我會用這個短語作為簡報的標題。

　　我會花時間為每張投影片命名，以及在為每張投影片添加具體內容與細節時，確保它們能凸顯我簡報的要點。說到這一點，我們在規畫投影片的初期，文字將是投影片的主要內容。

　　我的觀眾是混合群體，對於上述核心想法，我們團隊成員的參與方式和角色，以及我們所進行的研究和調查有程度不一的熟悉度。所以在簡報一開始，我會分享一些背景資料，讓每個觀眾對於主題有一致的理解程度，並為這次簡報的整體目標設定框架。

　　為了解決這個問題，我製作了以下這張投影片。

問題：關鍵成分價格上漲

- 熱銷的TRIX綜合果豆在二〇一二年首次上市，包含五種成分：夏威夷豆、杏仁、腰果、櫻桃乾和巧克力。
- 強勁的銷售係因二〇一六年一個關鍵性決定：將配方從夏威夷豆碎片變成整顆夏威夷豆。銷售額增長了45%。
- 由於熱賣，陸續推出衍生零食系列：TRIX能量補充棒和TRIX小型三角形麥片。
- 夏威夷豆價格最近上漲近40%，原因是夏威夷其中一個主要生產商栽種的農作物出現病變，導致供應短缺。
- 由於夏威夷豆價格上漲，TRIX綜合果豆成本增加，公司無法以現有的價格繼續販售該產品。
- 我們對口味與配方進行深入分析和測試，了解消費者對替代配方的偏好並提出建議。

圖6.12　以文字為主要內容的投影片

　　根據我們剛剛學到的重點分析圖6.12，我是否有效地發揮文字力？

　　我首先關注的是投影片標題。它強調價格上漲的問題。這是點出重點的標題，但這是我想要的嗎？也許我應該把觀眾的注意力導向可能的解決方案，而非聚焦於成本上漲。

　　說到投影片正文的文字內容，這些文字確實描述了背景資訊。透過閱讀文字，有助於觀眾理解故事情節。然而我不希望觀眾這樣做。我是講者；我才該負責把這些文字說出來。投影片應該只是輔助我的工具，讓我的簡報加分，而不是分散觀眾的注意力或取代我這個講者。

　　根據上述提到的一些想法，我把投影片的內容改了，不再聚焦於問題，而是著眼於更有建設性的內容，一個大家可以一起實現的目標：重新調整產品配方。我仍然可以使用文字提醒自己下一步要報告的內容（並且加強觀眾的記憶），但會讓觀眾的注意力集中在我身上，而非投影片。見圖6.13。

讓我們重新調整產品配方

- 五種簡單的成分
- 整顆夏威夷豆是關鍵
- 問題：夏威夷豆價格上漲
- 我們評估了替代配方
- 今天：由你們決定接下來怎麼做

圖6.13　更簡潔有力的要點

　　與文字密集的版本相比，圖 6.13 閱讀起來更容易也更快速。但我可以更進一步改良。我想在每個要點都停下來，逐一解釋這些想法，並在引導觀眾瀏覽這些內容時能將它們串聯在一起。我不會一次性呈現所有內容，而是逐一介紹。然後，我用口頭方式，添加相關的背景內容。我的觀眾不會忍不住提前閱讀下一個要點，因為我不會給他們這樣的機會。要做到這點，我會利用投影片程式的輕動畫效果（light animation），控制投影片上文字和圖像出現的時間。

　　一開始放映這張投影片時，除了標題和公司 Logo 之外，全是空白。直到我第一次點擊，第一個要點才會出現，我會概要解釋改版前 TRIX 綜合果豆所含的五種成分。當我再次點擊時，會出現第二個要點，但先前第一個要點將變成透明色。圖 6.14 顯示當我討論夏威夷豆價格上漲時（第三個要點），投影片的模樣。

讓我們重新調整產品配方

五種簡單的成分

整顆夏威夷豆是關鍵

○ 問題：夏威夷豆價格上漲

圖6.14　輕動畫效果可凸顯講者正在說的重點

　　我會繼續以這種方式逐一說明每個要點，同時在講解時添加背景訊息。當觀眾的注意力從我轉向投影片時，他們可以看到我們目前所在的重點，以及我們進入這個重點的過程和途徑。

　　這個實例讓我們重新思考簡報時該如何有效使用文字——設計投影片上的文字，讓它們輔助我們講者，而不是取代我們。參考以下改變前和改變後的投影片

圖6.15 提詞機式的投影片（左）與簡潔有力的文字敘述（右）

　　這不是你最後一次看到這個內容。在第八章，我們將探討將文字轉換為視覺化內容的策略。在此之前，我們先分析另一個場景，這時文字在我們解釋數據訊息時扮演關鍵角色。

第 7 章

以圖表來顯示資料

我們使用數據傳遞訊息、建立可信度、支持觀點、反駁不正確的先入之見（如偏見與刻板印象）、幫助他人以不同的角度看待某個議題、希望說服對方改變或採取行動。如果執行得好，圖表可以讓觀眾突然有一種茅塞頓開的感覺，圖表也能有效將數據轉化為訊息、協助觀眾做出更明智的決定、進行更充分的交流、行為舉止更有自信。

談論如何實現這一目標之前，我要提醒大家一個重點：有數據**不代表**一定要納入簡報裡。將數字和圖表融入溝通內容時，退一步問自己，到底為什麼要這麼做。使用數據或圖表會達到什麼效果？唯有如此才能讓你的數據更有說服力。此外，當你清楚知道使用數據的目的與原因，較易設計出色的圖表，讓數據可視化，成功實現你溝通的目的。我們將在本章討論一些實用的做法。

若想更深入了解如何視覺化數據，請閱讀我的第一本書《Google
必修的圖表簡報術》

　　《Google 必修的圖表簡報術》這本基礎書籍概述如何善用數據達到有效溝
通的目的，你會發現一些概念和這部分的內容頗多雷同（特別是關於觀眾、訊
息和故事的重要性），同時該書還深入剖析如何利用圖表溝通：包括常見的商
業視覺化圖表、圖表設計要考慮哪些因素、舉出許多說明性範例。第二本書籍
《Google 必修的圖表簡報術（練習本）》則分享更多的個案研究與策略，並提
供大量練習機會，鼓勵你實際動手操作，透過這些循序漸進的練習，精進你用
數據溝通的技巧。

　　製作一張好圖表並不需要具備量化分析領域的高學歷，也不必使用花稍
的圖表或特殊工具才能有效地用數據進行溝通。不過具備一些與圖表有關的
視覺設計概念，確實有幫助，本章將逐一介紹並解釋這些概念。在這之前，
我們再多談談資料視覺化的一般目標以及在商務場合中的應用。

為什麼要將資料視覺化？

　　我對資料視覺化的定義是：將數字（數據）轉化為圖像（圖表）。我們
繪製圖表是為了回答問題、創造美感、娛樂效果、喚起感情、進行實驗、解
釋、探索、吸引注意力、影響、啟發、逗人發笑或幫助理解。以上的動機與
目的只是冰山一角，更精確地說，我們視覺化數據的原因五花八門，不一而
足。

　　我準備資料圖表，多半是為了商業場合，主要目的是讓觀眾理解訊息，

並說服他們採取具體行動。我使用圖表的目的是希望資訊能更快速地被理解與記住。我們大腦視覺系統處理訊息的速度很快（比我們的語言系統更快，這表示有效的圖片或圖表有可能比書面文字，更能快速傳達訊息，我們將在第八章進一步討論這個概念）。優質的圖表也能幫助你清楚解釋複雜的資訊，特別是當他人需要看到視覺化的圖表，才更容易理解複雜的資訊。最後，當我們透過圖表呈現數據，可以利用大腦視覺記憶，讓數據更容易被記住。當我發表一則聲明，並輔以一張圖表，觀眾不僅能夠記住我的話，還能記住他們看到的圖表。

為達到這些目標，我力求簡化視覺化的數據。這通常代表引導觀眾看哪些部分、注意哪些細節，以及理解每個部分如何融入整體。雖然這些都是我們在製作溝通內容時得努力做到的事，但我對於製作圖表有一套具體的步驟：用文字清楚表達主要重點，透過微調來改善，選一個能夠幫助我呈現這些文字內容的圖表形式，編修圖表，最後將圖表融入總體故事裡。讓我們逐一討論每個步驟。

闡述：用文字陳述你的要點

當別人看了你的圖表，你希望他們看到什麼？你心裡已經有了答案——這也是你一開始選擇納入數據圖表的原因。前面幾章的重點包括反覆修改使用的文字，讓它們更符合簡報的整體訊息（核心想法），同時改進簡報的標題和投影片的標題，這些做法的好處我們都已做了說明。這些練習步驟也可以應用到圖表。

若你計畫在簡報中納入圖表，用簡單幾句話說明它。確定哪一句話最重要，然後改進這句話的遣詞用字。這句話應該點出你想讓觀眾知道的具體結

論。換句話說，如果有人看了你的圖表然後問你：「所以呢？」你的句子應該能夠回答他這個問題。不要只動腦做這個練習：把句子寫下來。通常，初步形成的句子會比實際來得長或者太過複雜。編修你的句子。大聲念出來，讓它盡可能簡潔有力。

數據不是可替自己說話嗎？

用文字形式說明數據，這點牴觸大家普遍的迷思：即數據可替自己說話，無需文字輔助。當然，一張圖表可以替自己說話，但如果沒有我們講者幫忙詮釋，不同的觀眾可能對圖表有不同的解釋和理解！

當你要傳達數據給觀眾，你扮演獨特而重要的角色，可以幫助觀眾從數據中獲益更大。你可能比任何人都更熟悉這些數據。你的工作是傳達你對這些數據的理解，以及你根據數據所衍生的觀點。不要要求你的觀眾做這些詮釋工作。值得注意的是，這不代表其他人一定會同意你的觀點。但你身為橋梁，協助觀眾理解這些數據，也有助於促進有效的溝通和對話。透過文字讓你的數據說話吧！

當你需要描述多個重要的觀察結果時，可能需要多寫幾個句子。反覆進行這個過程，確保每個觀察結果與要點都用了簡潔句子加以說明（多個句子代表你的數據投影片上會有不同類型的圖表，以便說明這些細微的差異——我們很快會看到這種方法）。

借用圖表傳達你的想法和數據，並將它們轉化成可以閱讀的句子，這些圖表不必完美。它可以是草圖，可能有些雜亂，或者不是理想的圖表形式。這些都沒關係。你選擇的句子可以幫助它升級。這是一個反覆進化的過程。

你花費愈多時間反覆分析圖表，或嘗試以各種潛在的視角解讀，你就更能深入理解這些數據。你愈理解數據，就能用更精確的文字描述它，然後進一步優化圖表。

　　現在我們來看一個例子。請花一些時間研究圖7.1。你觀察到什麼現象？你會用什麼句子描述觀察的結果——亦即能否回答「接下來呢？」（So what?）的問題。

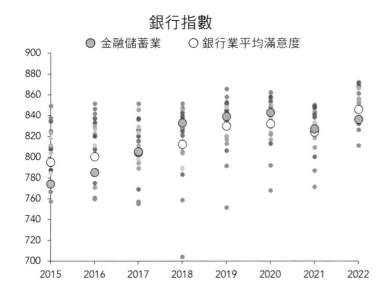

圖7.1　分析這張圖表

　　如果你感到困惑難以理解，不要擔心，畢竟這是具有挑戰性的例子。我沒有提供任何背景或上下文，所以就更難了。如果你現在冒出更多疑問，並未觀察出什麼結果，這並不奇怪。不過當我開始對圖表的資訊進行說明時，你可以感覺前後的差異。這樣做可以強迫我明確地陳述我隱含的背景知識，

我因為熟悉這些數據而擁有隱含知識，而你並沒有。我可以對這張圖表闡述許多觀察結果。當你閱讀以下內容時，請回頭參照圖 7.1，確定你是否也看到我描述的現象。

- 銀行的客戶滿意度因為時間與銀行而異。
- 銀行業整體客戶滿意度呈上升趨勢，二〇二二年低點和高點之間的差距小於之前的年份。
- 銀行業平均滿意度在二〇一五至二〇一六年高於金融儲蓄業的滿意度，二〇一七至二〇二一年與金融儲蓄業相當或略低，而在二〇二二年再次高於金融儲蓄業。

　　假設金融儲蓄業是我的客戶，而最後這一句話是我想要傳達給他們的核心想法，提醒他們現在是時候該進行改革了。我可以簡化這句話，讓金融儲蓄業成為焦點，比如：「金融儲蓄業五年來首次低於銀行業的平均值。」這句話，我最好用說的，而不是用視覺化圖表溝通呈現。但是，這不是勸你捨棄圖表不用，而是希望你利用清晰明確的訊息內容，提高圖表的溝通成效。

視覺化：功能為主、形式為輔

　　你可能聽過「功能為主、形式為輔」的設計原則。假設你正在設計一張椅子，這個原則就是告訴你，首先你要確定這張椅子的功能。它若是書桌椅，應該有支撐良好姿勢的功能。還是它是沙灘上讓人放鬆的躺椅？顯然，這兩種用途將導致不同的設計。圖表也是一樣的道理。當我們開始概述希望圖表發揮什麼具體功能時，就更容易選出有效的圖表形式。

　　無論是數據新手還是擅長處理數據的達人，我們往往會過於複雜化圖表的功能（雖然是無意的），結果讓圖表的形式更加複雜難懂。對於那些沒有多少經驗的數據新手，製作圖表或許會讓他們害怕，感覺圖表必須回答會出現的所有問題。那些經常處理數據的老手可能覺得，圖表是他們炫耀自己能處理複雜工作以及精通圖表製作工具的機會。

　　這些大家認為存在的限制會導致我們設計出訊息過量的數據圖表，令人眼花撩亂難以理解的圖表，只有從事技術分析或擁有高階量化學位的人，才能理解這些圖表的視覺訊息。因為我們希望圖表執行的功能已過於複雜，因此圖表的形式也不出所料地變得過於複雜。

　　這是為什麼我們把重點內容以文字呈現，作為製作有效圖表的第一步。這麼做可以明確、具體地闡述我們需要圖表達到什麼首要功能。在商務場合，視覺化數據時，有幾種圖表形式可以處理常見的任務：

- **時間趨勢：** 折線圖、坡度圖、面積圖
- **分類比較：** 柱狀圖（垂直、水平、堆疊、分歧）、點陣圖
- **顯示關係：** 散點圖、瀑布圖、圓餅圖

　　已經有許多現成資源可以了解這些圖表形式，所以就不在這裡重複。讓我們重新檢視上一個部分的範例，看看如何將數據視覺化，以說明我們要傳達的重點。

提示：首先專注於折線圖和柱狀圖

不論你是視覺化數據的老手，還是第一次建立你的數據圖表，當你要向他人傳達數據資訊時，最好花些時間製作有效的折線圖和柱狀圖，而不是捨棄這些基礎，費神累積你的圖形詞彙（graphical lexicon）和視覺化技能。折線圖和柱狀圖是常見的圖表形式，這是有充分理由的。折線圖和柱狀圖因為被廣泛使用，所以容易解讀。儘管有些例子會在這兩個基礎形式上做些變化或是使用其他視覺化工具，但這些情況較少見。

當你使用一個不太常見的圖表形式時，是給自己設一道障礙：你必須在講解數據以及數據背後的意義之前，想辦法吸引觀眾的注意力，同時花時間解釋如何閱讀與看懂圖表。有時使用較複雜的圖表確實是言之成理，因為它可以幫助你強調或解釋某些難以理解的現象，或是當組織的員工已逐漸熟悉這些不太常見的圖形時，但這些情況是例外而非常態。通常情況下，使用數據進行溝通時，應盡可能簡化。亦即堅持使用基本的折線圖和柱狀圖。

你可在我其他著作發現更多關於折線圖和柱狀圖的例子。如果你想更深入探索其他常見的圖表，可以參考 storytellingwithdata.com/chart-guide 的 SWD 圖表指南。如果你想進一步精進圖表技能並了解各種圖表的使用實例，可閱讀喬納森‧施瓦比什（Jonathan Schwabish）的著作《哈佛教你做出好圖表實作聖經》（*Better Data Visualizations*）。

請稍稍回憶一下，我的核心重點是「金融儲蓄業五年來首次低於銀行業的平均值」這代表，圖表的功能應該顯示銀行業和金融儲蓄業隨時間變化的滿意度。讓我們透過折線圖查看這些數據，見圖 7.2。

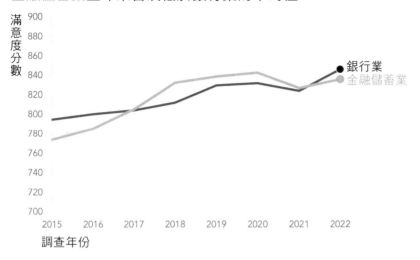

部門滿意度
金融儲蓄業五年來首次低於銀行業的平均值

圖7.2 功能為主,形式為輔

　　選擇有效傳達數據訊息的圖表形式只是考慮因素之一,你還要透過圖表讓想法更生動,這需要一些技巧,讓觀眾能輕鬆地理解圖表,並在過程中覺得愉悅。這代表須找出對他人而言可能感到吃力的面向,並透過圖表設計盡可能地減輕這種負擔。

　　相較於圖 7.1,圖 7.2 做了一些改進,這些改進措施可以廣泛應用到一些與圖表溝通相關的常見做法。每個做法都涉及到文字,亦即文字在圖表溝通扮演重要角色,我們需要結合文字與圖表,讓觀眾更易理解圖表欲傳達的訊息。

* **用文字呈現要點**。確定要點之後,整合到圖表中,讓他人清楚知道重點是什麼。文字能有效引導觀眾的思維和行動,當你說出或寫下與圖

表相關的文字，會引導觀眾觀看圖表哪些內容。此外，研究顯示，如果將圖表的標題命名為你希望觀眾記住的關鍵訊息，觀眾會更容易記住它。文字是非常有力的武器！

- **納入 X 軸與 Y 軸的標題**。你知道故事的情節，所以自然清楚重點是什麼；但對於大多數看到圖表的人而言，實情恐非如此。應用簡單的做法，例如座標軸標題（在圖 7.2，Y 縱軸為滿意度得分，X 橫軸為調查年份），以便觀眾能輕鬆地理解數據。我建議將圖表和座標軸標題靠左對齊，創造視覺結構。出於同樣的原因，我通常使用大寫字體作為座標軸標題：全大寫字體比大小寫混合字體有更清晰的矩形形狀，可在圖表周圍形成邊框，讓畫面看起來更清晰。

- **在數據旁邊直接添加文字敘述**。如果可行，直接在數據旁邊添加文字敘述，而不是另外添加圖例。請參見圖 7.2 銀行業平均值和金融儲蓄業的文字敘述，我將文字敘述置於線條的右側，觀眾就不用在圖例和數據之間來回解讀圖表。

我還透過視覺層次結構、消除干擾、將注意力集中在剩下較不明顯的內容等方式，提高圖表的溝通成效。接下來我們會進一步討論這些。

不確定哪種圖表適用？

製作圖表時，先畫出草圖、進行反覆微調、然後徵詢回饋意見。一如我們以低技術的方式規畫簡報的內容，你也可以先利用紙筆製作圖表，特別是當你不確定哪種圖表形式的視覺效果最好，或是你認為這次也許可使用不太常見的圖表形式，這時不妨藉著畫草圖進行腦力激盪，並大致了解實際可能的效果。

不同於在試算表或簡報軟體裡製作圖表，在紙上繪製圖表時，你不會對做出的成品形成依戀。影響所及，比較容易割捨不理想的草圖與形式，進而加快微調迭代的過程。

若希望他人提供整體方向性的回饋意見，資料圖表（data drawing）是不錯的起點。當你的概念還不夠成熟與具體時，不該過早關注個別設計元素，以免陷入困境。反之，你更該關注圖表的整體形式和功能，而這也比前者更容易做到。此外，在紙上繪圖可以幫助你擺脫工具的限制。一旦確定資料圖表的內容與形式，再考慮使用適當的工具或請專家幫助你視覺化你設計的數據圖。別忘了保持開放心態，隨時修改和調整設計。當我們在紙上作業時，無法精準繪出每個資料點的位置。繼續評估所選圖表形式的成效，並根據需要進行修改。

你可以在使用的圖表軟體中，把同一組數據用不同的圖表形式呈現，這時圖表不需要精緻，所以不要花太多時間與心思以求完美。重點是快速瀏覽與比較不同圖表形式的效果。多設計幾個圖表形式，確定哪個形式能最有效地表達你的重點。如果你還不確定，可以徵求他人意見。

進一步改進圖表：去除冗餘訊息、聚焦重點

第六章討論如何善用文字提高溝通成效，當時我們提到視覺層次化。通過減弱或刪除不重要的訊息，選擇性地凸顯重要資訊，讓觀眾能更輕鬆處理我們傳達的訊息。同理，當我用這種方式改進視覺元素時，第一步通常是找出並消除雜訊。

去除圖表中不重要的元素

在此以一個例子說明去除雜訊（declutter）的威力。假設你任職的公司正在幫一家企業籌畫年度慈善活動。獲得的金錢捐款和食物將用於準備餐點，分送給社區需要幫助的人民。你追蹤一個簡單的指標：每年提供的餐點數量。你設計的圖表一開始可能類似圖 7.3。

圖7.3 一開始的圖表

本書的所有圖表（包括圖 7.3 在內），均是用微軟 PowerPoint 建立（使用 Excel 也可以建立同樣的圖表，Excel 是我以前製作圖表的主要工具，但現在已直接在 PowerPoint 建立圖表，可省去從 Excel 匯入的步驟）。雖然任何工具的初始設置都已被改進或優化，可因應更多不同的情況，但你仍然需要

根據特定的情況進行調整，畢竟總會有一些細節是初始設置未顧及到的。

如果你使用不同的工具設計視覺化資料圖表時，我鼓勵你設計基本的圖表形式，並進行以下的過程。

在進一步了解我如何簡化上述圖表之前，請花些時間思考圖 7.3。你對這個圖表有什麼感覺？為了簡化，你傾向於削弱、刪除或修改哪些元素？

從網路下載文檔或其他資源

你可以在 storytellingwithyou.com/downloads 下載本書示範的投影片。如果你好奇圖表的設計元素與製作方法，我鼓勵你下載這些文檔。此外，你還可以在 storytellingwithdata.com/blog 和 YouTube 頻道（storytellingwithdata.com/youtube）找到許多與製作圖表相關的教程。如果你想要練習圖表製作，學習如何用資料說故事，並和他人交流意見，我邀請你加入我們的網路社群（storytellingwithdata.com/community）。

對我來說，圖 7.3 看來眼花撩亂。雖然這個版本私下使用讓大家進一步理解數據的意義，或用於與同事閒聊，完全沒問題，但在正式場合使用它，我是不建議的。這樣做會讓人覺得你偷懶將就，因為我們有更迅捷又簡易的方式傳達數據，讓觀眾更易理解你要傳達的重點。圖 7.4 是我簡化後的版本。

各年份的供餐數量

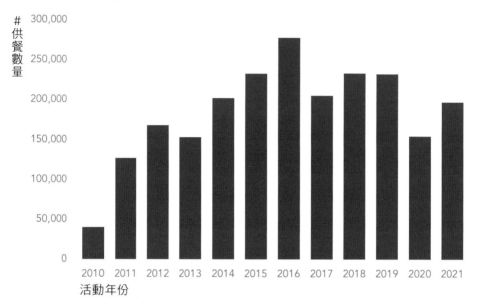

圖7.4　**簡化後的版本**

　　我做了一些更動，你可以比較兩個版本找出差異。接下來我會概述當你編修圖表時，可以移除哪些常見的元素與設計：

- **圖表邊框**：邊框通常沒必要。實際上，你該在圖表四周留些空白，區隔圖表與頁面或螢幕上的其他元素。
- **格線**：消除穿越圖表的水平或垂直格線，這個簡單的步驟可以凸顯圖表的內容。如果某些數字特別重要，直接用標籤標示（這種做法，有時候去除整個座標軸也無妨）。
- **座標軸線**：你不一定非得刪除 X 軸和 Y 軸不可（至少，你可以讓它們變成灰色成為背景）；座標軸線可提供圖表視覺結構的功能。然而，

某些情況下，刪了它們也不會損失任何訊息（這原則同樣適用於刻度線，即座標軸線上的小刻度——應視個別情況而定）。

- **尾隨零**：如果座標軸上每個數字都有小數點，請四捨五入到整數。對於有許多零的大數字，考慮是否將其轉換成百計、千計或百萬計等單位，以便觀眾更容易消化，也較容易進行討論（在之前的範例中，我沒有這麼做，因為對我來說，千計單位容易導致混淆，但你可能有不同的看法，這也無妨）。

- **數據標記符號**（data markers）：這些符號（通常出現在折線圖上）不需要出現在每個數據點的位置。節制地使用，有助於保持圖表的簡潔性，並引導觀眾的注意力。

- **數據標註**（data labels）：使用數據標註時，應當有明確的理由，並且只在需要表達某個具體數字時才使用。再者，即使選擇使用數據標註，也不必每個數據點都標註（若柱狀圖的柱條與柱條之間有足夠空間，我建議可以將標註放入柱條內，這有助於讓不同的元素在視覺上有整體感，減少視覺上的混亂）。

- **斜體文本**：這樣的布局看起來雜亂無序，雖然會提高視覺的吸引力，但會降低閱讀速度。所以盡可能使用水平文本（如果柱狀圖的類別名稱很長，試著將柱狀圖從垂直改為水平，以便文字和柱條都是橫向排列）。

- **居中對齊的文本**：這樣的文本看起來彷彿飄浮在空間中，而且文本若超出一行，會出現不對齊的邊緣，看起來很鬆散。我喜歡靠左對齊或靠右對齊的文本，這種設計可創造視覺秩序。

- **過多的顏色**：圖表若超過兩種顏色會讓人難以集中注意力，增加觀眾不必要的負擔與工作。避免使用過多顏色是一個很好的方法，可以聚焦觀眾的注意力，我們很快會回到這個想法。

　　值得注意的是，凡事都有例外。進行溝通時，要根據不同的情況選擇最適合的方式，包括溝通的場合、數據類型、觀眾背景、時間長短和工具限制等等。如果你能夠解釋為什麼選擇納入某些元素，為什麼做法與上述的要點相反，顯示你已充分考慮各種因素，而做出了這個合理的選擇。

　　使用視覺元素進行溝通，略顯冗贅會是世界末日嗎？可能不至於。每個多餘的元素本身看起來不算太嚴重，但太多不必要的元素累積在一起，溝通的效果可能不太理想，會分散觀眾的注意力，無法聚精會神解讀我們傳達的數據和訊息。

好的圖表設計：關鍵在細節

　　提到冗贅與過多的元素，我主要的做法是刪除不必要的內容，但另一個有效的方法是從空白的狀態開始，逐步添加每個元素，並嚴謹分析每個元素是否必要。每次繪製資料圖表時，你得做出許多小決策：有些情況下，是你主動明確地做出選擇，目的是達到特定的效果；有些情況下，你不主動修改應用程式的初始設置，由程式自動幫你做出選擇。透過添加一個又一個元素逐步完成圖表，會逼你仔細考慮每個決定如何影響圖表的視覺效果。你可以參考這個視頻《關鍵在細節：設計圖表需要考慮的十個小細節》（it's the little things: ten tiny considerations when designing a graph, storytellingwithyou.com/littlethings），看我如何逐步完成圖表。

　　花時間替數據圖表進行大掃除後，也要花心思將注意力聚焦在能增加價值的地方。

集中注意力

　　當你製作圖表或投影片時，你對簡報的內容非常熟悉，知道要看哪裡以及看什麼。為了讓其他人同樣能掌握重點，我們必須在設計上有計畫地採取某些步驟。我們已經見識到文字如何有效地幫助我們清晰地表達觀點。搭配適當的對比，引導觀眾看到該看的重點。文字與對比是強而有力的組合，我們再看另一個使用這種策略的個案，然後我將概述集中注意力的一些方法。

　　圖 7.4 是否讓你覺得尚未完成？的確如此。僅僅進行大掃除仍無法清楚指示觀眾要看哪裡，我們還需要有計畫地導引觀眾的注意力，聚焦在剩下內容的重點。假設我們想要凸顯的主要訊息是：二〇二〇年供應的餐點數量雖然下跌（主要是新冠疫情之故），但自此之後，供應的餐點數量已增加，只不過仍低於近幾年的水平。

　　圖 7.5 成功表達上述訊息。

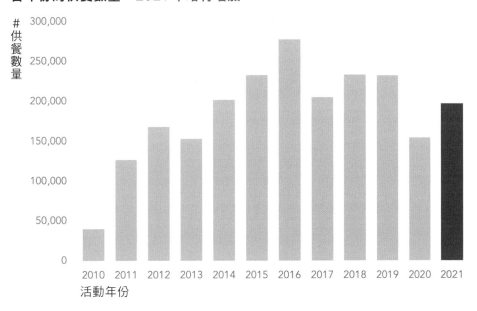

各年份的供餐數量：2021 年略有增加

圖 7.5　聚焦重點的圖表

　　我選擇用灰色呈現二〇一〇年至二〇二〇年的供餐數直條，降低它們的重要性。它們存在的目的是提供背景，但右側的深藍色直條（選擇該顏色是為了與該組織的品牌顏色一致）成功導引觀眾的注意力。當你明確指示觀眾要看哪裡以及看什麼時，這有助於克服潛在問題。即使圖表不完美或還是有一些雜亂，仍然能有效傳達訊息。

　　要成功導引觀眾聚焦於重點，對比是關鍵。接下來我列出一些在圖表中建立視覺對比的常見方法。

- **顏色**：使用明亮、醒目的顏色強調某系列數據或數據點。當圖表其他部分是黑色、灰色或其他柔和顏色時，這種方法特別有效，如圖 7.5。
- **強度**：將重點元素以全強度呈現，同時透過降低其他元素的亮度等手段，讓它們在視覺上退居背景。如果你無法更改或調整圖表格式，可以使用半透明的形狀覆蓋不太重要的圖表元素，這種簡單粗暴的方式同樣可達到將它們推到背景的效果。
- **線條粗細**：在折線圖中，把想讓觀眾關注的主要數據變粗，其他數據變細，或是結合這兩種方法。此外，你可以使用粗體格式突出重要文本（例如標題、標籤、註釋等）。
- **大小**：視覺上，物體大小和重要性有關。如果某些內容很重要，不妨將其尺寸放大，大於其他元素。
- **添加元素**：在某些情況下，用箭頭指向重要內容，用框線包圍重要部分，或以其他方式點出重點，這些做法可能會很有效（儘管在圖表設計中通常有更優雅的方式突出重要性）。一些項目符號除了標識內容的重要性，還可搭配數據標記符號、標籤或註釋，提供額外的訊息。
- **動態效果**：動態能吸引注意力。一個數據點沒有出現然後又出現，這

麼簡單的設計會導引觀眾的目光朝正確的方向移動。這在現場簡報特別有用，我們很快會看到這一類的例子。

上述方法並非引導觀眾注意力的完整清單，但仍是一個不錯的開端，希望能讓你認真思考，如何讓他人在你的圖表和其他圖像化的元素中看到你希望他們看到的重點。將各種視覺對比元素階層化也可能是合理的做法。如果我想讓觀眾注意柱狀圖中的某個直條，我可以用不同的顏色強化它，或是把數據標註加到柱條上，抑或把數據標註的文本加粗。為了清楚凸顯焦點，對比應該適度——如果所有東西都不同，就沒有什麼東西能被凸顯！

對於可視化數據，應用設計元素吸引觀眾注意力的好處

有研究證明這做法有用嗎？這是我就資料視覺化提到大掃除雜訊、引導觀眾注意力時，一再被問到的問題。雖然我有大量主觀觀察累積的證據，但直到二〇二一年，才有一項知名的研究讓我引用。

我與西北大學的視覺思維實驗室合作，研究結果發表於一份論文，標題是《整理和聚焦：以實證方式評估哪些設計方式可以提高數據溝通的成效》（Decluttering and Focus: Empirically Evaluating Design Guidelines for Effective Data Communication，作者 Ajani, K. 等人）。參與研究的受試者會看到三種視覺資料：一，雜亂無章；二，整理精簡；三，精簡並凸顯重點。受試者被要求從美學、清晰度、專業性、可信度等方面，評價這三種設計的好壞，然後重新繪出並回憶之前可視化圖表的主題和結論。

儘管整理精簡的設計會提高專業度的評價，但是添加能聚焦觀眾注意力的設計，會讓美學和清晰度更好，並提高觀眾記住和短暫回憶內容的能力。最終結論是：聚焦觀眾的注意力的確具備可衡量的好處。

在本章，迄今看到的例子都是單張資料圖表，說明製作一張好圖表的常見做法。一旦你跟著照做，利用這些方式讓觀眾清楚知道該看哪裡以及該看到什麼，接下來就該把經過設計的有效圖表納入整個故事中。

將圖表納入故事裡

你可能還記得，在第六章，我們討論了遵循第四章介紹的敘事弧，沿著故事情節使用文字投影片的做法。我們在故事的開始使用情節投影片設定背景脈絡；然後透過中間故事投影片繼續展開故事；最後以結尾投影片收尾。儘管總會有例外，但我發現在商業場合中，大多數的數據投影片最適合放在整個敘事弧的**中間部分**。這是因為在深入探討數據之前，往往需要詳細說明背景與脈絡。到了簡報的結尾，我們通常已結束數據的部分，轉入探討可行的行動方案。

成功的用數據簡報，不只是展示設計精美的圖表而已。你是否曾經參加過這樣的會議或簡報，一張圖表放在大螢幕上，你一直努力地解讀它，反而無法專心聆聽講者的談話？這情況經常發生。所以與其製作分散注意力的資料投影片，不如製作能夠與演講內容無縫接軌、強化演講要點和故事的投影片。

我們可以透過設計，先為數據提供背景或脈絡，然後逐步秀出圖表。用之前已看過多次的供餐數據圖為例，可以在數據圖出現之前，先提供整體背景或故事情節，這時我可以加入下圖的投影片：

十多年前，我們開始向社區供餐

圖7.6　幾乎是一張空白的投影片，為即將出現的數據圖提供背景

　　圖 7.6 是一張空白的投影片，只有標題，沒有其他內容。這是刻意為之，目的是提醒正在講台簡報的我，下一步要出現的內容（你可以選擇在下一張投影片放資料圖表 ，或是在圖 7.6 這張投影片上使用動態效果逐步秀出資料）。考慮到我的簡報內容，我選擇對著這張投影片向觀眾說道：「回溯到二〇一〇年，我們開始推出一個令人振奮的新計畫，希望為我們社區中有需要的人提供餐食。我將向各位展示我們這些年供餐的數量。」

　　因為我的觀眾快速掃描標題後，不會被任何東西分散注意力，所以當我說明背景資訊時，他們會全神貫注聽我說話。這有助於順暢地銜接圖表。

　　就像第六章讓小部分文字動態地出現在投影片，我也會在講解圖表時，讓圖表內容逐步出現在投影片上。決定好我要展示的內容後，我**可以**只介紹圖 7.5 的柱狀圖。如果大家很了解這段歷史，而我也只想關注最近一年的供餐情況，我或許會這麼做。但是，如果我想讓大家進一步了解這些數據的意

義，並提出我的看法，解釋是什麼原因導致供餐量出現起伏，那麼這就不是一個明智的做法。如果我一下子顯示所有數據，大家很容易看了一眼後，把注意力轉移到其他地方，或圖表上不同的內容。我們可以透過有選擇性的重點突出，緩解後者的現象，但是如果你希望自己在解說這些數據時，觀眾能夠和你同步，請先做好安排與設計，然後一步步帶領觀眾瀏覽數據，一次只顯示你想讓他們看到的內容，同時搭配口頭說明，解釋相關的重點。

雖然這種做法適用於簡單的圖表（我們很快就會看到範例），但在傳達一些複雜資訊或大家不熟悉的內容時，尤其有用。一次闡述／討論一個或兩三個要點可以讓你製作複雜視覺效果的圖表，而且不會讓人覺得複雜。我們稍後進入個案研究時，會分析一個這樣的例子。

回到供餐數量：顯示背景說明投影片（先讓觀眾知道接下來要說什麼），然後顯示第一張圖表。參見圖 7.7。

十多年前，我們開始向社區供餐

40,139

2010　2011　2012　2013　2014　2015　2016　2017　2018　2019　2020　2021
活動年份

圖 7.7　開始製作圖表

當我放上這張投影片時，我會同步解釋：「在垂直 Y 軸上，我將顯示供餐的數量。回溯到二〇一〇年，我們推出了一個試點計畫。那一年我們的供餐量超過**四萬份**，遠超過我們兩萬五千份的目標。」為了闡述各年份供餐數的變化，我從這一個數據點（四萬份）開始，然後製作一個折線圖（而不是之前我們看到的柱狀圖）。這將讓觀眾更容易透過折線數據點與數據點之間的斜度，看到每年供餐量的消長與變化。我還刪掉一些圖表細節（包括圖表標題、Y 軸標題、Y 軸標註）。我將改用口頭方式傳達這些細節（如果我提供這些投影片讓觀眾自己解讀，因為擔心可能會造成困惑或誤解，我會保留上述刪掉的圖表細節）。

我的下一張投影片如圖 7.8。

圖7.8　**繼續製作下一張圖表**

　　我將一邊以口頭方式解釋，一邊同步呈現圖 7.8：「第一年取得巨大成果後，我們決定將試點計畫變成年度活動。隨著口碑相傳，愈來愈多同事參與，包括我們的高階主管，他們捐出可觀的善款。到了第三年，我們的供餐量達十六‧八萬份。」我已事先想好每次只顯示一年或兩年的數據，以便凸顯某些重點，並在必要時提供更多的背景和訊息。用這個方式逐步顯示數據後，最後會出現一張完整的圖表。

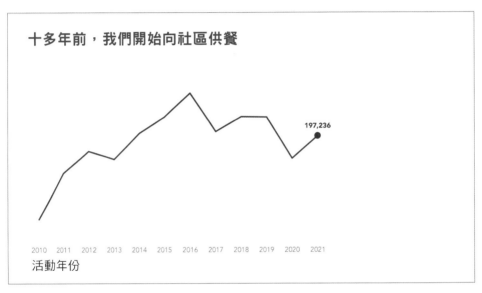

圖7.9　完整圖表

　　完整圖表（圖 7.9）一出現在螢幕上，我會強調這些數據所呈現的要點：「相較於二〇二〇年因新冠疫情而減少的供餐量，二〇二一年的供餐量雖上升，但仍低於近年的水平。」然後我可以用這句話過渡到故事的結尾：引導觀眾進入我想呼籲的行動或討論的主題。或者，如果這是更全面故事的一部分，我會從這裡進入下一個章節，繼續傳達我想要溝通的內容。

在虛擬情境下，讓資料動起來

先顯示背景說明投影片，然後逐步播放圖表訊息，這個做法在虛擬情境中特別有用。因為是線上簡報，觀眾都坐在電腦前面，許多東西會分散他們的注意力，不要給他們任何分心的藉口！將複雜的圖表放在他們面前，等於請他們趕快轉移注意力。此外，若你不是一次性顯示所有訊息，也能維持他們的注意力。他們可不想錯過你圖表的要點。讓要點以動態方式出現有助於維持觀眾注意力。正如我們所討論的，若觀眾不須多花腦力弄清楚自己要看什麼，也不須多費神理解你在說什麼——你正在告訴他們，並秀圖表給他們看，他們更可能積極地聽你說話。你引導他們一步步理解你的數據故事，這聽起來比簡單地展示一張圖表更令人愉快，對吧？

展示數據時，應該每張投影片只放一個圖表，原因很多。首先，不易同時討論多個圖表。再者，減少螢幕上的物件可以更容易引導觀眾的注意力。還有大小的問題需要考慮：在一張投影片放置多個圖表，表示細節會變得很小，不易閱讀。一張投影片放一張圖表，代表你有更多的空間，可以讓標題、標註和數據的字體夠大，方便大家閱讀。不過也有例外：如果相關圖表得放在一起閱讀，因為若分別放在不同的投影片，怕會犧牲太多重要訊息。不過，這問題通常只須清楚說明這些圖表的關聯性就可解決。

我們在製作單張圖表時，就像之前的範例（圖 7.7 至 7.9），每張圖表之間的關聯性非常明顯。看到折線從左到右逐漸展開時，受到可以看到數據點之間的關係和趨勢。使用觀眾熟悉的折線圖的好處是，因為熟悉這樣的圖表形式，所以後面出現的圖表對觀眾而言，會更容易理解和掌握。利用熟悉感這種策略還可以在你想要打破常規時使用，我們待會兒將在個案研究看到這種

策略。

通常情況下，我們會透過多個不同的圖表傳達更廣泛的敘述或訊息。在某些情況下，有些數據點，我們可在連續幾張圖表中重點顯示，強調它們之間的關聯性。更常見的情況是，我們會利用文本和簡報框架作為溝通橋梁，協助觀眾理解。總之，多個圖表搭配文本與投影片框架，組織成一個整體的故事，才能清楚傳達訊息。

這就是為什麼我們到目前為止所做的所有規畫如此重要。當我們製作故事板，沿著敘事弧安排核心想法，搭配投影片框架，都在考慮這些重點之間的關聯性。在製作數據投影片時，你需要回頭參考這個規畫，確保一連串的投影片、投影片標題和口頭說明等設計能夠流暢地連接不同的重點，讓觀眾易於掌握與理解這些連接。

我們現在再回到 TRIX 綜合果豆的個案研究。我將用它來強化本章涵蓋的許多重點，並強調如何在製作數據投影片時結合不同的視覺元素。

用圖表呈現資料：以 TRIX 綜合果豆為例

大家可能還記得在第五章，我們為諾許客戶團隊的簡報確立結構。在第六章，我們為故事情節制定框架，製作了文字投影片說明這個專案的大致背景。現在，我們要建立包含數據圖表的投影片，以利討論 TRIX 試吃滿意度的調查結果。

圖 7.10 概述測試後的數據。

試吃結果總結

指標	原始配方	替代配方 A	替代配方 B
產品整體喜好度	8.1*	7.2*	6.9*
整體外觀喜好度	8.3*	6.8**	8.0**
堅果量 JAR/Skew	89% JAR	67% JAR	71% JAR/18% 太多
果乾量 JAR/Skew	80% JAR/13% 不夠	65%/27% 太多	89% JAR
巧克力量 JAR/Skew	93% JAR	85% JAR	88% JAR
整體口感喜好度	7.9**	6.9**	7.2*
鬆脆度 JAR/Skew	79% JAR	71% JAR/20% 不夠	85% JAR
嚼勁度 JAR/Skew	83% JAR	67% JAR/31% 太多	89% JAR
整體口味喜好度	8.4*	7.4**	6.2**
鹹度 JAR/Skew	89% JAR	77% JAR/17% 不夠	68% JAR/27% 太多
甜度 JAR/Skew	83% JAR	72% JAR/19% 太多	76% JAR/14% 不夠

N = 257 *表示達到95%水平的統計顯著性。 **表示達到90%水平的統計顯著性。
喜歡：你對試吃品的整體喜好或不喜好程度如何？ JAR：根據你觀察和試吃的樣品，你
對（堅果／水果／巧克力／鬆脆度／嚼勁／鹹味／甜味）的（數量或水平）有何看法？

TRIX

圖 7.10　試吃結果總結

　　絕對不要在正式場合使用類似圖 7.10 的投影片！這種放了大量資料的圖表通常適用於與同事進行非正式討論的工作會議，或者應置於附錄。然而，若你要說的是一個完整故事，這種資料堆無法滿足溝通的目的。

　　我做的第一件事是確定自己要傳達什麼，並用文字具體點出重點。這些資料呈現多個不同的重點。我會在簡報中使用其中一些資料，但不會一次性全部顯示。我會將它們整理成連貫的故事，幫助不熟悉的人理解資料代表的意義。

　　現在我們來到關鍵的十字路口，將說明並應用我們學到的策略。綜合考慮了外觀、口感和口味等個別指標後，結論是原來的配方比替代配方更受歡迎。圖 7.11 顯示我根據這些數據製作的初始柱狀圖。

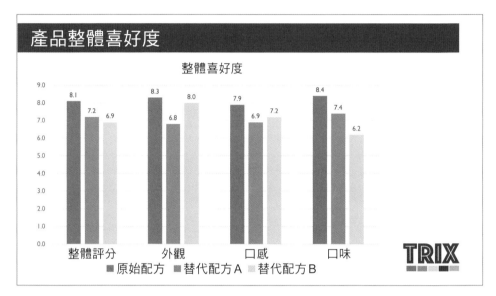

圖7.11　初始柱狀圖

接下來，我做了些修正，從軟體預設的一般圖表轉變成能夠滿足我具
體需求的圖表。我刪除雜亂無用的元素，讓數據更突出。我用文字傳達我的
觀點，並適度使用對比設計，提醒觀眾要看哪裡以及看到什麼重點。參見圖
7.12。

現在該思考如何引導觀眾理解這些數據。值得一提的是，在第五章，我
規畫的簡報結構（圖 5.22）中包括一張投影片，負責解釋這個要點（原始配
方整體優於替代配方）。我大可以只要使用圖 7.12 的柱狀圖，然後就算完成
任務，但這個做法其實是幫倒忙，對每個人都不利。正如本章所討論的，我
不僅想呈現數據圖表，我也想將數據納入整個故事裡。

簡報結構中那張投影片只是一個占位符。我需要更多的投影片實現我的
目標。我希望提供觀眾背景資訊，希望製作的每一張圖表，觀眾可直覺地消

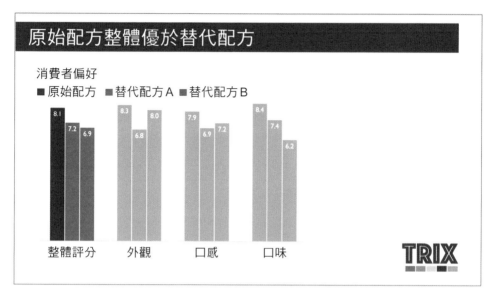

圖7.12　重新設計的投影片，引導觀眾看哪裡以及看到什麼重點

化吸收。此外，隨著簡報進展，持續吸引他們的注意力。我還想將各個要點串聯起來，讓所有內容流暢地結合為一體，成為有意義的訊息。

　　當我退一步分析這些數據時，不是只看數據本身，而是考慮到我想表達的整體內容，所以我調整了方向。我發現，我想一次性顯示更多數據，取代最初設計的柱狀圖形式。意識到這一點後，我先腦力激盪，想出幾個替代做法，然後和同事討論，最後我決定用一個較特別的圖表形式顯示試吃調查的結果，然後把這圖表和我打算傳達的細節相結合。

　　我首先強調試吃消費者更喜歡原來的配方，並使用 1-9 的量表——代表超不喜歡到超喜歡，試吃者根據個人喜好給試吃樣品評分。見圖 7.13。

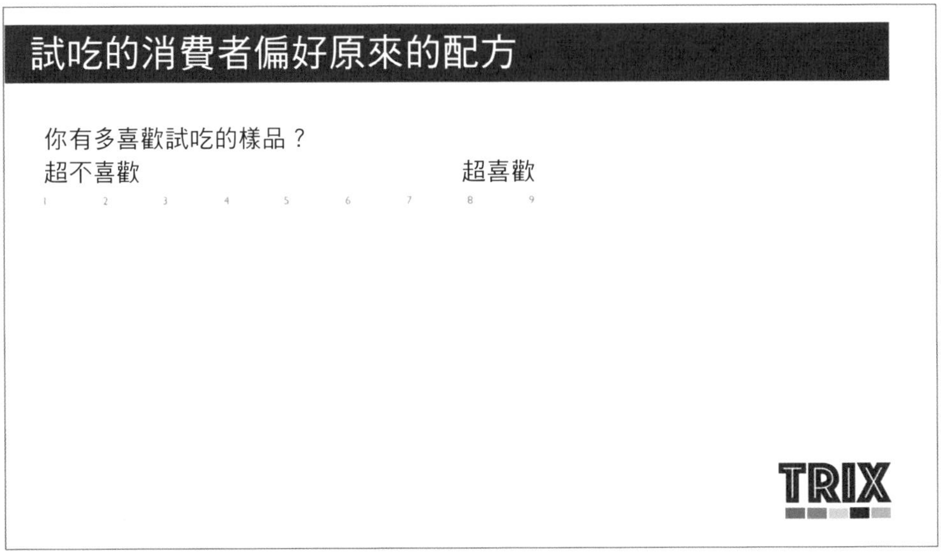

圖7.13　為下一張投影片布置舞台（暖身）

　　然後我將數據分層安排在圖表上，這樣我就可以一一談論每個要點。我先從原始配方開始，然後加入替代配方 A 和 B。圖 7.14 顯示添加這三個數據後的情況。

　　你會發現，這次我把圖表改成水平柱狀圖（不同於之前在圖 7.11 和 7.12 看到的垂直柱狀圖，消費者給出的評分出現在垂直 Y 軸）。這是為了我之前提到的更特別的圖表形式──點圖（dot plot）預做準備，但為了確保觀眾理解這些數據的意義，必須將數據與觀眾熟悉的柱狀圖相結合。首先，我將水平柱狀圖的末端換成圓圈，這在現場簡報的效果特別好，因為觀眾會在轉場時看到圓圈取代柱狀圖右端的分數。

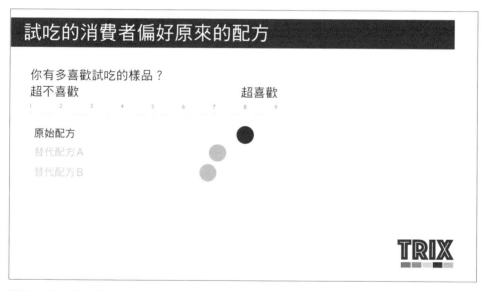

圖7.14　製作圖表

圖7.15　改為點圖

接下來，我把這些圓圈壓縮在同一行上。這是另外一種引導觀眾解讀數據的辦法。

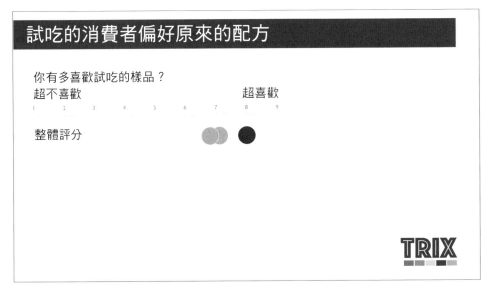

圖7.16　三個圓圈被壓縮放在同一行上

將三個圓圈壓縮在同一行之後，我可以省下足夠的空間添加試吃結果的其他指標。圖 7.17 顯示原始配方的市調結果。

現在我已經完成整體結構，接下來可以添加每個面向的數據點，並一次討論一個或多個數據點（最初製作的柱狀圖難以達成這個目標，所以才改用點圖）。

我從原始配方開始，如圖 7.17 所示。然後加上替代品試吃後的評分。圖 7.18 顯示試吃消費者對替代配方 A 的評分。

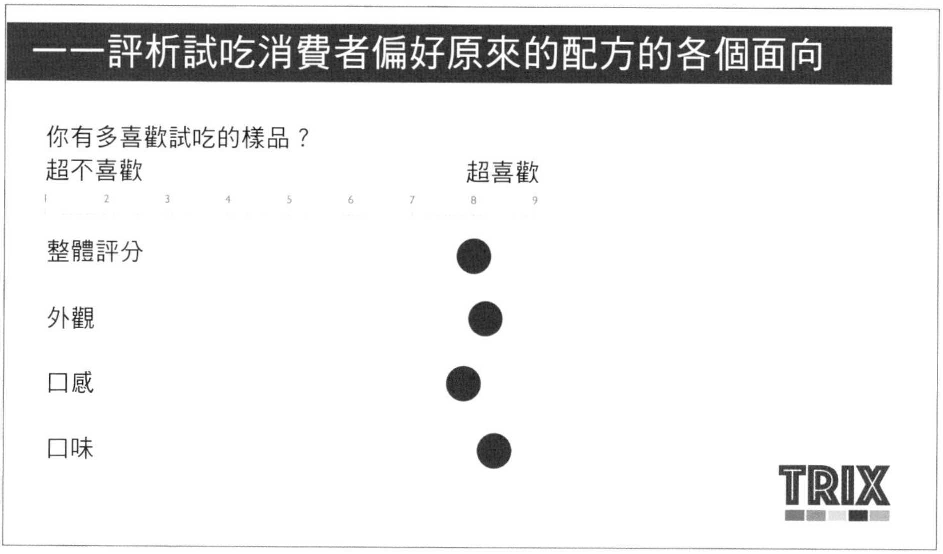

一一評析試吃消費者偏好原來的配方的各個面向

你有多喜歡試吃的樣品？

超不喜歡 　　　　　　　　　超喜歡

1　2　3　4　5　6　7　8　9

整體評分

外觀

口感

口味

TRIX

圖7.17　分層安排更多數據

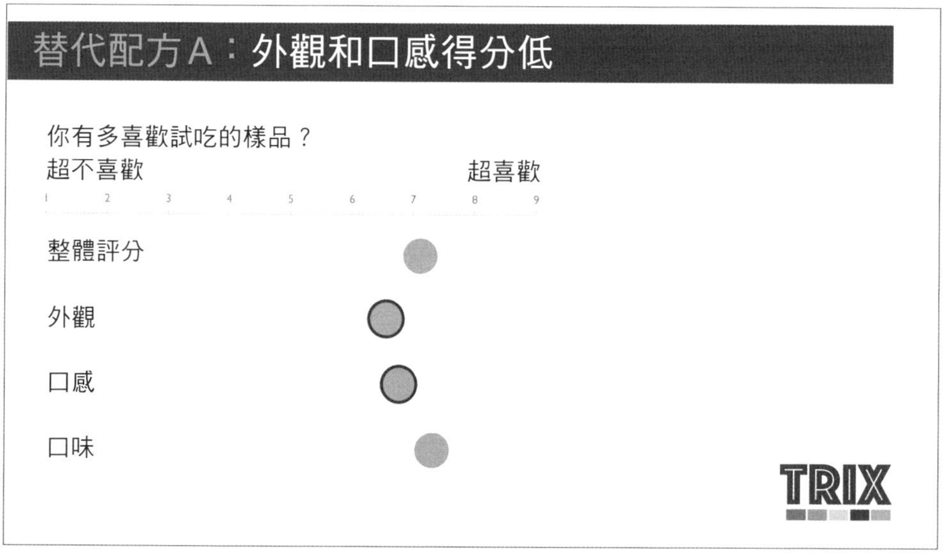

替代配方Ａ：外觀和口感得分低

你有多喜歡試吃的樣品？

超不喜歡 　　　　　　　　　超喜歡

1　2　3　4　5　6　7　8　9

整體評分

外觀

口感

口味

TRIX

圖7.18　清楚顯示這些觀點之間的關聯性

　　透過一步步按部就班呈現圖表的方式，我清楚地向觀眾顯示每個數據點之間的相互關係。此外，我透過文字說明和對比格式，突出得分較低的外觀和口感，如圖 7.18 所示。我用這個方法引導觀眾的注意力過渡到替代配方 A 更詳盡的試吃數據，讓我能夠進一步說明為什麼替代配方 A 的外觀和口感得分較低。這些數據的呈現形式不同於原始配方，因此我將使用另一張圖表。我將按照相同的過程布置舞台，逐步呈現數據，讓觀眾理解數據的意義，並引導他們的注意力，去關注特定的重點，同時繼續推進故事。在本書稍後，你將看到這些步驟（對比以及逐步呈現資料）如何和其他內容結合在一起。

　　在那之前，還有另一種視覺化元素──圖像（images）將整合到我的簡報中，現在就讓我們的注意力轉到圖像。

用圖像說明

你的簡報主題或溝通訊息何時最適合使用圖像？如果你上台演講，很可能已經考慮、甚至已用過圖像。但是在日常會議上使用投影片進行簡報時，何時該使用圖像以及如何用才最有效呢？

你已經看到一些應該**避免**的例子。拉長或放大的照片只是為了填補頁面上的空白；在顯示夥伴關係的投影片，制式地從圖庫裡找出現成的握手圖；剪貼圖或漫畫勉強與主題有若干關係，卻會分散或干擾注意力，發揮不了任何實質效用。這些都是該避而遠之的做法。我曾聽過一些導致不當使用圖片的建議或指示：「那張投影片還有一些空間，我們在那裡加些東西。」或者「你的投影片應該加入一些圖片，才會更具吸引力！」這些看法顯示，不當使用圖像的原因與方式。

圖片用得好會大幅提高溝通成效。它們可以幫助你解釋複雜的概念、讓觀眾易於理解、保持觀眾注意力，強化內容的吸引力、提高記憶力等等。我先說明一下，在本章圖像（image）和圖片（picture）這兩個詞可以互換使用。我們很快就會探討各種具體的圖像類型，提供實例並分享

實用的技巧，幫助你在視覺溝通裡有效地善用各類型圖像。在這之前，我們首先具體談談為什麼要將圖片整合到簡報裡。

為何使用圖像

在視覺溝通中使用圖像的理由不一。雖然以下列舉的方式無法一網打盡，但我把使用圖片輔助溝通的常見理由分成四大類──輔助解釋和理解、增強記憶、定調溝通的屬性、提高設計感。以下逐一詳細討論這些類別。

圖像可以協助你解釋也讓觀眾更易理解

簡單地說，圖片若能幫助他人看到重要訊息，圖片就必須上場。若看到某張圖片能幫助觀眾提高理解力，或者圖片能幫你更清楚地解釋一個主題或概念，就義無反顧使用圖片。假設你在一家新創公司上班，正在整理一份說帖，希望爭取資金挹注，你可以把旗艦產品的草圖或電腦繪製的原型放在說帖裡，幫助你解釋產品的細節，也確保觀眾理解。

你還可以使用圖片作為溝通框架。第五章討論如何在製作投影片時添加導航方案（我在其中一張導航頁面使用簡單的文字，另一張導航頁面使用我孩子的照片）。回顧一下這種做法的重點，使用的圖像將包含簡報所闡述的主要部分或主題。你會在簡報開始沒多久顯示導航頁面，頁面上的訊息預告簡報的內容和順序。然後，你會把導航頁面作為各部分之間的轉場頁面，讓觀眾知道你已經談過的要點以及接下來要進入的部分。最後，你會在簡報的結尾再次使用它，總結與回顧簡報的主要觀點。

現在我們來看一個實例，說明我如何使用導航頁面進行工作簡報。我曾經做過一個簡報，討論簡化數據的視覺元素有多重要。我一開始先講了一個

故事，說明自己以前因為懶得整理房間而給自己製造麻煩的經驗。我小時候
犯下一些違規行為，一部分是因為想拖延之故，但由此造成的混亂也讓我意
識到，我在雜亂的環境下難以集中注意力。我用這個小故事作為比喻，說明
圖表中雜亂的視覺元素如何影響觀眾的注意力與體驗。然後我顯示以下這張
雜亂桌面的圖片，作為轉場投影片，介紹接下來要涵蓋的具體內容。

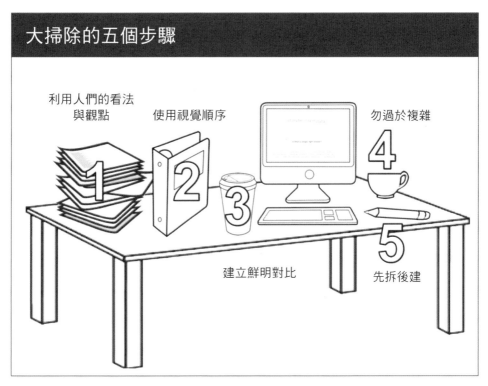

圖8.1　使用圖像的導航方案：一開始的頁面

　　圖 8.1 介紹一個圖像化的導航方案，然後我在轉換到下一個主題時，用
了圖 8.2 作為轉場。

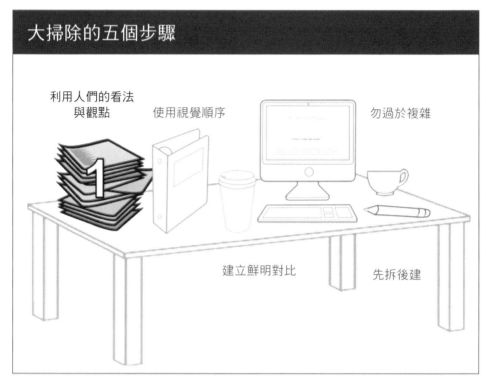

圖8.2　使用圖像的導航方案：轉換到第一個步驟

　　講者介紹完每一個步驟，都回到這個導航頁面，並以節制的方式凸顯下一個步驟。透過圖像這樣的視覺元素，幫助觀眾從一個主題（步驟）過渡到下一個主題（步驟）（若你對這個簡報有興趣，可以到 storytellingwithyou. com/declutter 觀看視頻）。

　　導航頁面是另一個可用到圖像的地方，既可以幫助講者，也有助於將不同的要點串聯起來，讓觀眾更容易理解。它還有一個額外好處，因為講者會重複返回導航頁面的圖像和要點，這會讓觀眾更容易記住簡報的內容。說到被記住，這就是圖片的強大威力。

圖像有助於增強記憶力

圖像使用得當可以提高觀眾對概念或要點的記憶力，這是因為**圖優效應**（Picture Superiority Effect）使然：相較於文字，圖像更易被記住，因為大腦對圖像可以進行雙重編碼（包括視覺記憶區和語言記憶區），因此記憶更加牢固和持久；反觀文字只能在語言記憶區進行單一編碼。許多研究發現，若能有效結合圖像與文字，相較於僅有文字，我們的短暫記憶力會被提高。

這裡的關鍵詞是**有效**。你可能有一張很棒的圖片，但它是否能有效凸顯你的想法或訊息？是否能協助觀眾看到你腦內的想法？所謂有效地結合圖片和訊息，意思是當你的觀眾稍後想到這張圖片時，他們會連帶想到你秀出圖片時說的話。

我們工作坊的教材中使用許多圖片。為了吸引觀眾的注意力，我們經常使用名為「你的目光落在哪裡？」的測試，這種練習會展示不同的圖片給觀眾看，並要求他們大聲說出視線最先受到什麼東西吸引。這個練習說明了在不同的情況下，我們的視覺注意力會受到哪些因素影響而發生變化。

給觀眾觀看的一組圖片中，第一張是一整個螢幕的多彩氣球。見圖 8.3。

當你希望觀眾特別觀注某樣東西，使用繽紛的色彩不是個好主意，將圖 8.3 和圖 8.4 相較。

圖8.3　你的目光落在哪裡？

圖8.4　節制地使用對比，可集中注意力

圖8.4出現時，我不用說「看藍色氣球」，你的目光已搶在我開口之前注意到它。醒目的對比度—特別是節制而適度地使用顏色，可以吸引觀眾的注意力。如果觀眾事後回憶上述兩張圖片中的任何一張，他們應該會記得對比的重要性。我用這個圖例說明**和**強化圖片可輔助記憶力這個要點。

圖像可以定調溝通的屬性

繼續用色這個話題，你可能還記得第五章我們討論了在設計投影片時，顏色會誘發情感並幫助你設定溝通的基調。這一點圖像也可以做到，而且有過之而無不及。

我曾經在一個研討會上的開場白，分享我女兒出生的故事。雖然這在商業場合中看起來是個非常個人又出乎大家意料的做法，但我有具體的理由這麼做。我當時的觀眾是一群醫生，具體地說，是受一家醫療設備公司邀請而出席的腦外科醫生。我的任務是說服他們改變過去的做法（這可是一個讓人生畏的觀眾和場合啊！）。場地是一家旅館的宴會廳，我站在大約五十名外科醫師面前發表演說。

我用自己的故事為例，解釋我在分娩時，與一台心電圖設備相連，看著身旁紙卷印出心電活動的結果。我看到一個峰值，然後是一個谷底，接著又是一個峰值，然後是一個谷底──數據上升然後下降──我心想好有趣的圖表。醫生看著同一張紙，對我說：「這就是產程中的活躍期！」在整個簡報過程中，我在背後放了一張空白的投影片，讓外科醫生將注意力集中在我身上。然後，在結尾時，我放上美麗女兒艾洛伊斯的兩張照片：一張是她在加護病房的新生兒照；另一張是大約一年後的照片。

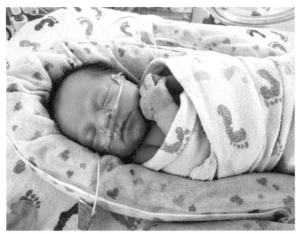

圖8.5　女兒艾洛伊斯，剛出生的嬰兒照與一歲照

　　透過前後對比展現現代醫學的奇蹟（這群醫生觀眾肯定能欣賞這一點），這是一種戲劇性手法，我藉此暗示與會者應該改變心態，並鼓勵他們變得脆弱（坦承自己的不足與弱點），才能以新的思維看待事物。在演講一開始時就這麼做，我吸引會場所有人的注意力，並建立他們對我的信任。這個故事和圖片成功讓他們與我建立連結與融洽的關係，為今天的演講打下基礎。

　　我把孩子的照片放入演講的素材，有些人可能對此做法感到驚訝。對我來說，這挺自然的，因為我從孩子身上學到很多，所以我在演講所說的故事常常包括他們。我提這點並不是鼓勵大家一定要跟我一樣分享個人照片。然而，若你對某張圖像有強烈的感受，你用它闡述相關的概念時，不僅表達得更生動，也更容易引起觀眾的共鳴。

　　我用一個沒那麼誇張的例子解釋圖像如何建立溝通的基調，以及如何讓大家的想法能夠一致。我曾與一家能源公司合作，協助該公司的風險管理小組，我的工作是幫助這個小組提高他們向領導團隊溝通的能力，以便更有效

地向領導團隊傳達訊息。在一次工作會議上，我們審閱在大螢幕上播放的一份草案內容，其中一張投影片的標題是「我們為什麼要買保險？」。投影片的頂部有一張小圖片，附上一堆文字說明。這些文字按類別排列，分別是：轉移風險、滿足法規要求、履行合約義務。每個類別下面還有更多的要點與細節。

　　我當時不知道圖片要表達什麼，因為這已超出我的專業範疇，所以我開始問問題。原來它的重點是一台價值數百萬美元的機器壞了，以此凸顯保險非買不可。光從小組討論的方式，我便可以感受到這張圖喚起了講者期望的反應。不幸的是，投影片將一張小圖片結合大量文字，導致該圖的成效受到壓抑。重新設計後，我們把圖片作為投影片的重點，標題改成「我們為什麼需要保險」。原來投影片上的大量文字成為講者在簡報時的談論要點，但不會直接呈現在投影片上，而是保留在講者備忘稿（speaker notes）。

圖像可以為設計加分

　　有時候純粹出於美學考量，而將圖像納入簡報，這做法也算合理。回顧自己使用圖像的情形，發現我在大型會議的演講中較常使用圖像，至於日常的商業簡報，使用圖像頻率較低，但偶爾也會用。

　　如果你有一張功能強大的圖片，可以將它變成溝通的主角，然後根據它決定顏色、字體和其他設計元素，以求統一又專業的外觀和風格。我最喜歡的一次主題演講中，講到有一回看見兩歲兒子多利安讀故事書。其實他不識字，不算在「讀」書，而是看著圖片努力回想以前聽過多次的故事，然後大聲重述故事的內容（又一次說明圖片強大的力量！）。我發表演講時，讓觀眾看了那本繪本的圖片，並簡要講述故事的內容。

　　這本書的書名是《賴瑞在西雅圖迷路》（*Larry Gets Lost in Seattle*），作者是約翰・斯奎威斯（John Skewes），他以賴瑞及其不幸經歷為基礎，寫了一系列套書。圖 8.6 是該書的跨頁插圖。

圖 8.6　《賴瑞在西雅圖迷路》的插圖，作者約翰・斯奎威斯

　　因為相當看重這個故事，所以我把該書的一些設計元素融入我的演講，包括大膽的顏色和一些出自《賴瑞迷路》系列的插圖（經作者許可使用）。圖 8.7 是我演講的標題投影片（你可能看過它，出現在第六章的縮圖瀏覽，其中一張投影片是會議演講的標題投影片）。

　　有時候將圖片納入演講內容，僅僅是為了分隔文字內容，以免文字過長難以消化；或是在你講解時，讓觀眾有東西可看。儘管這似乎不符我之前的看法，但我建議不要僅出於這個理由使用圖像，盡量找出也能夠滿足前面所提的其他目的。

賴瑞在哪裡？

透過圖片和故事讓數據栩栩如生

cole nussbaumer knaflic | @storywithdata | www.storytellingwithdata.com

圖8.7　簡報的標題投影片，靈感出自童書《賴瑞在西雅圖迷路》

線上簡報可使用圖片

　　愈來愈多會議和簡報移往線上平台，我發現自己也愈頻繁地使用圖片。需要解釋背景、描述一個情境，或在現場講述一個故事時，有時我會使用一張空白的投影片，確保觀眾的注意力集中在我身上。但是在進行線上演講或簡報時，我往往不會這麼做，因為螢幕出現空白，可能會被誤解為技術出了問題，或者等於是請觀眾把注意力轉移到其他要務上（電子郵件收件匣只是一個點擊的距離！）。線上簡報時，我不會用空白投影片，取而代之的是一張圖片，讓觀眾在聽我講話時有東西可看。在一個關於銀行分行滿意度的簡報中，我在背景投影片上放了一張銀行分行的圖片。在另一個簡報，標題是開學季大採購，我進行口頭簡報時，播放了一張零售商的圖片。

以這種方式使用圖片時，圖片應該與你簡報的主題緊密相連，並且能讓觀眾一看就明白，無須多想，畢竟你仍然希望他們的注意力能集中在你和你所說的內容上。圖片只是在他們聽你說話的時候，有個可讓他們視線停留的對象。我們將在第十章中討論如何在進行線上簡報時吸引觀眾的注意力。

考慮到圖片的上述影響力，在設計溝通訊息時，退一步想一想，加入圖片後，你的內容是否能加分？在哪裡加分？以及如何加分？正如我們在前兩章有關文字和圖表的應用面，你必須清楚知道在簡報中加入圖片的動機，並且要確定每張圖片的目的，這才能提升圖片的效力。

你已經看到了一些不同類型圖片的範例，接下來我們會剖析三種類型的圖片以及一些相關的技巧和攻略。

照片、插圖和流程圖表

我對圖像的定義比較寬，對象包括常用於投影片的視覺化內容，後者並未見諸於第六章（文字）和第七章（圖表）。圖像包括照片、插圖和流程圖表。我將討論每一種類型的用法、分享相關的設計考量，以及提供更多的說明性範例。

我再次重申：我不是經過專業訓練的設計師。我有一雙好眼睛，長時間反覆試錯，相信自己的直覺，再從每個實例中累積經驗。以下是我自己在會議和演講素材中使用各類型的圖像後，根據經驗提出的實用建議。

照片

在商業和其他專業簡報中，照片可能是最常見的圖像形式。

我記得我丈夫在一家可穿戴技術的公司上班時，我曾幫他製作投影片。說到該公司的產品，公司創辦人非常看重優秀的設計，這種感覺需要貫穿與普遍出現在公司內部使用的視覺傳播中。考慮到這一點，當我本來可以選擇文字或圖表作為內容時，我們改用了公司照片檔案中引人注目的圖像。在一次「季度業務評估」會議上，公司打算實施新的措施——落實年度的員工調查，為了順利推動這個新措施，我們用了一張全體員工在會議上的團體照，並在照片下加了簡單的文字：「讓我們聽聽團隊的意見」。

這讓我想到了簡報中使用照片的第一個建議：圖像才是主角。不要讓它看起來像是事後隨意添加上去，例如被放在投影片的角落填補一些未使用的空間。反之，應該讓照片成為簡報素材的主角，意思是讓照片占據整張投影片。以下範例出自本章稍早提到的能源公司客戶。

圖 8.8 是一張我協助重新設計的投影片（為保密起見，內容稍做修改）。

注意投影片底部以箭頭指向第二張照片的文字敘述。經過討論後，我了解到這是一個關鍵訊息，因此我建議將原始投影片分成幾個部分，每個部分專注於一個主要訊息。圖 8.9 是闡述最後一個重點訊息的投影片。

在圖 8.9，照片被放大到覆蓋整張投影片。調整照片大小時，注意要保持原來的長寬比例，否則圖像容易扭曲變形。一旦變形，我們的眼睛很容易發現這缺陷，這會讓照片給人一種不專業的感覺。因此，你可能需要裁切圖片以符合適當比例。此外，使用高解析度的照片，重新調整圖片大小時，圖片才不會變得模糊或出現顆粒。

圖8.8　未修改前的投影片：照片淪為配角

圖8.9　圖像才是主角，並搭配簡短文字敘述

我在哪裡可以找到簡報素材所需的照片？

　　尋找照片有很多選擇。在某些情況下，可以用自己拍攝的照片。只要情況許可，我都是這麼做，這讓你能掌控全局，除了照片可完全符合你的要求，也不必擔心版權問題。

　　但是不見得每次都可使用自己拍攝的照片。當這個做法不可行時，你可以選擇圖片庫，這裡有各種免費和必須付費的圖檔。以下是我使用過的幾個圖庫：

- **iStock by Getty Images**（istockphoto.com）：這個網站提供豐富的付費照片和插圖圖檔，有各種收費和訂閱方案。其他受歡迎的付費圖庫網站包括達志 Shutterstock（shutterstock.com）、**Getty Images**（gettyimages.com）和 **Adobe Stock**（stock.adobe.com）。
- **Flickr Creative Commons**（flickr.com/creativecommons）：提供各種類型的授權圖檔（其中許多圖檔只要求標示著作人姓名就可免費使用）。
- **Free Images**（freeimages.com）、**pixabay**（pixabay.com）、**Unsplash**（unsplash.com）等圖庫都有免費圖檔供個人和商業用途使用。

　　上述是眾多圖庫網站中的幾個，你可以進入網站搜尋、瀏覽或購買照片。一定要閱讀細則，了解授權規定或姓名標示的要求。

　　將照片和其他圖像放到投影片時，一定要熟悉的設計原則是**三分法**。三分法能替圖像的構圖加分（也可以普遍地應用於投影片設計）。想像把圖像的長度和高度都分成三等分，形成一個九宮格。三分法原則建議將關鍵的主題或圖形元素沿著九宮格線放置，或放在這些線的交叉點。這麼做的原因是在觀看你的照片、圖像或投影片時，它能引導觀眾的眼睛移動。這與將關鍵元素置於中心位置形成鮮明對比。

來看一張我以前用過的照片——我替兒子多利安拍的。我在本章前面提到兩歲的多利安自己看著《賴瑞在西雅圖迷路》的插圖說故事。請看圖 8.10，兩張照片說明了主題置於中心與三分法構圖之別。

圖8.10 中心位置vs三分法構圖

請比較圖 8.10 的左圖與右圖，覺得它們有何不同？遵循**三分法**，我們應該偏好右邊的版本，多利安位於九宮格線的左側直線，而不是位於四宮格線的中心點。另外，當我們在投影片加入照片並希望附加文字描述時，右邊版本提供更大的空間，可在右上方加入文字。

有關照片的使用策略，我會提出最後一個建議，這也是我在本章一開始就提到的。將照片納入簡報素材時，避免使用陳腐、缺乏想像力或被濫用的圖像。例如，談到銷售時，避免使用錢的圖片；談論目標時，避免使用靶心的圖像；談論全球布局時，避免使用地球的照片。這些圖像都被用過（而且到了濫用的地步！），不太可能替你的簡報加分或讓人過目不忘。

更正確的做法是，先確定希望觀眾對你的簡報有什麼感受，以及希望他們理解或記住什麼內容。照片能否幫助你實現這些目標？想清楚這些問題會幫助你合宜地使用照片。

這個中肯的建議也適用於我們接下來要討論的圖像類型：插圖。

插圖

　　我所謂的**插圖**係指任何手繪或數位繪製的圖像化內容。繪製的圖像相較於照片，通常沒那麼精緻。我得強調，這並不是插圖被減分的面向，而是一個能幫助你選擇何時以及為何使用插圖的考慮因素。就像我們對每一種類型的內容（文字、圖表、照片）所做的考量，當你決定是否將插圖納入簡報素材時，首先要清楚知道使用的目的。

　　插圖可以有多種形式——精緻或粗略，寫實或抽象。請參考圖 8.11。

圖8.11　一隻鳥，三幅插圖

　　你會用什麼形容詞描述圖 8.11 的三隻鳥？

　　從左邊比較寫實的鷺鳥開始，我會用以下形容詞：莊重、專注、雕塑般的姿態。中間的鳥給人一種行動快速、羽毛光禿、大膽的感覺。最後，右圖的鳥，我的形容詞則是傻氣、開心、有趣。

　　你的形容詞和我列出的可能不盡相同，這沒關係。重點是，不同風格的插畫（即使基本上它們描繪的是同一個對象）會呈現不同的氣氛，喚起不同的感受。了解這一點，你會更精準地選擇適合你需求的插畫風格，有力地表達你想要呈現的整體感覺。

我通常在紙上繪製插圖，但現在愈來愈頻繁地使用 iPad

若只需一個簡單的插圖，我通常會嘗試自己親繪。我絕非藝術家，但喜歡畫畫。只需花一點時間，我畫得還不錯。我習慣在紙上繪圖，為了將紙上的繪圖轉移到數位平台，我會以掃描或拍照的方式，然後在 PowerPoint 重新上色或進行小幅編修，滿足我的需求。這絕對不是最先進的技術，但對我來說多半還行！

受到一些同仁熱衷在 iPad 作畫（以及呈現的美麗作品）啟發，我也開始慢慢學習在 iPad 作畫，我試過一些應用程式，最喜歡的是 Procreate。我發現它很直觀，提供足夠的選項滿足我的需求，而不會感到難以招架。圖 8.11 的鷺鳥是我在 iPad 使用 Procreate 完成的作品。

我在我的第二本書《Google 必修的圖表簡報術（練習本）》使用了許多插圖，雖然該書並非簡報素材，但仍然示範了圖像化溝通使用插圖的想法和策略。書並不是只用來閱讀，還希望讀者捲起袖子實際動手練習，深刻體驗可視化傳播的概念和技巧。當我在規畫內容時，我就確定要在書裡加入插圖，原因如下：首先，該書的內容可能有些複雜讓人生畏，搭配輕鬆有趣的插圖，我還滿喜歡這樣的對比。此外，我也希望這些插圖能讓讀者更容易理解與吸收書中的資訊。

我刻意採用手繪風格，希望以視覺化方式強調以下這個想法：不須用那麼正經八百的方式處理問題，而且也想邀請讀者一起繪圖。配上手寫文字的便利貼和章節要點回顧是主要的插圖內容，希望以視覺化方式總結重點，見圖 8.12。

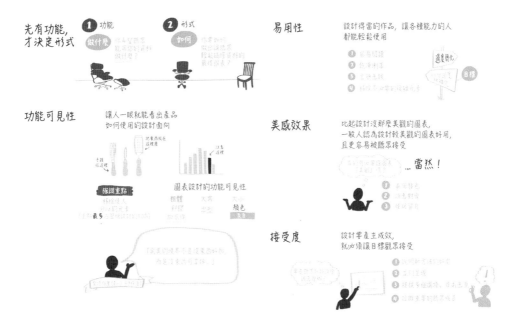

圖8.12　以插圖方式呈現章節要點。摘自《Google 必修的圖表簡報術（練習本）》

　　某些情況根本無法使用照片，這時用插圖取代照片不無道理。我想起之前的一個例子：當你需要向觀眾傳達尚未被創造出來的產品時，插圖就可以派上用場。透過插圖，觀眾可以看到產品的原型，確保大家對產品的想法一致，而不是各有各的想法。此外，插圖的另一個優點在於，如果你負責繪圖，或是委託其他人繪製，你可以具體指定細節，以便出爐的插圖完全符合你的要求。不同於照片，產品的插圖無須像實際產品一樣真實。

和攝影一樣，如果你本身不具備插圖技巧，想要有不錯的插圖，可能需要花點錢。本章前面提到一些照片圖庫網站也提供插圖搜尋服務。此外，在某些情況下，聘請專業插畫家也是可行的（本書和《Google 必修的圖表簡報術》都出自傑出插畫家凱瑟琳・馬登〔Catherine Madden〕）。

在插圖方面，我建議避免使用美工圖案（clip art，亦即簡報應用程式提供的內建插圖）和漫畫。原因與避免使用老套的照片相同：它們沒有太多好處，有時甚至有害。若是漫畫，可能有一些合理的例外情況，但還是得謹慎使用，因為它們可能會損害你的信譽、簡報的專業性和嚴肅性。

圖解

照片和插圖主要是喚起觀眾的共鳴等情感反應，以及介紹或強化一些概念，但若需要解釋流程、概念或元素之間的關係時，可以選擇使用圖解（diagram），幫助觀眾看到與理解各步驟之間的關聯。圖解有各種形狀和形式。在此，我不會詳細介紹特定類型的流程圖，而是概述通用的建議。

首先，一如我談到照片和插圖時給大家的建議，你必須考慮想用圖解傳達什麼訊息。在這個思考過程中，非常有效的工具是一張白紙，這可以幫助你快速測試不同的形狀，找到適合的基本框架。接下來，你需要確定簡報應用程式裡是否有任何內建的模板可以套用，或者你需要自己設計圖解。

在紙上手繪圖解的另一個好處是有效避免過多的設計元素，讓圖解更簡潔易讀。在第六章和第七章提到的大掃除，節制地應用對比，以及用文字和圖表引導觀眾的注意力等技巧，也同樣適用於圖解。在圖解中常造成干擾的元素包括令人分心的邊框或形狀，以及不必要或不當使用顏色。

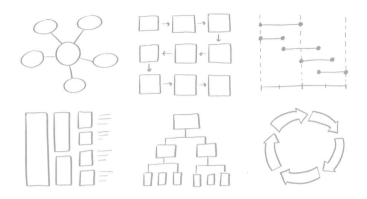

圖8.13　手繪圖解

　　邊框和連接流程之間的線條和箭頭，通常可以置於背景。我們在第七章提到減弱圖表某些視覺元素，以此創造對比，讓觀眾集中注意力在剩下的圖表內容。同理，如果你想讓觀眾看到某個節點或某個區塊，讓它們在視覺上與其他部分有所區隔。例如，僅在這些部分使用顏色。

　　若是現場簡報，你也可以利用對比協助你解說圖解。一如第七章教導大家在簡報時可以逐步呈現圖表，有時逐步呈現圖解也是可行的，這可以確保觀眾不會過早地看到後面你還沒講到的內容。或者，如果展示整個圖解的架構比較容易幫助觀眾理解資訊，你可以節制地使用顏色或利用其他突出的方式，讓觀眾逐步理解每個節點或區塊。逐步呈現圖解可以幫助你控制簡報進度，也能作為視覺錨定，讓觀眾知道應該看圖解的哪一部分。

　　例如，圖 8.14 顯示同一個圖解的兩個版本。左側的圖有粗邊框、連接箭頭和多種顏色。至於右側的版本，取消了邊框甚至一些流程的背景顏色。箭頭和背景顏色已更改為灰色，但箭頭仍然存在，用以隔開各個步驟，這可以

幫助觀眾理解流程，卻不會分散觀眾的注意力。假設我是現場進行簡報，須解說右邊的流程圖表，解說過程中會強調某個節點，這個例子是強調「報到」這個步驟。兩相對照後，右邊的版本展現更多的靈活性，不僅製造對比也能引導觀眾的注意力。

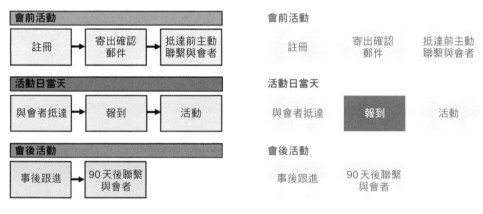

圖8.14　同一個流程圖，兩個版本

　　圖解會讓觀眾更易於理解，而不是覺得事情複雜難懂。製作圖解時，在提供的訊息量與吸引注意力之間要有微妙的平衡。亦即圖解中的一些細節會成為簡報要點，螢幕呈現的是精簡或簡化版的圖解。

　　延伸這個想法，建議可參考以下做法，這個做法在傳達位於高層級的重要訊息以及某些細節時，特別實用。這個做法就是呈現簡化過的完整圖解，亦即先提供觀眾完整的上下文背景，接著強調特定的節點或區塊，並在隨後登場的投影片詳細解釋該節點或區塊的細節。因此，我可能使用圖 8.14 右側的圖表，解釋「報到」這個步驟，然後轉到下一張投影片或一系列投影片，解釋這步驟涉及的細節。

講完報到後，你可以重新回到圖 8.14 右側這張簡化版的圖解，重新導引觀眾的注意力，然後進入另一個區塊，提供該區塊的細節。這個做法類似我們之前介紹過多次的導航方案，流程圖本身亦可作為簡報的導航方案，協助導引觀眾關注哪些特定的資訊。

地圖呢？

地圖屬於圖片、可視化數據、還是圖表？實際上，地圖可以扮演上述任何一種角色，取決於你如何使用它們，有時地圖還可同時履行多種目的。若地理位置的資訊對觀眾很重要，地圖就能善盡其角色。例如，若某個地理區域不太為人所熟悉，但相關細節又很重要，這時地圖就該登場。另一個例子是，當你溝通某個數據時，某個區域的數據值明顯偏高或偏低，由於其他方式很難呈現這類差異，這時地圖就很有用。

對於正在製作或有意製作地圖的人，非常好用的資源是肯尼斯‧菲爾德（Kenneth Field）的《地圖學》（*Cartography*）一書，由 Esri 在二〇一八年出版。有關我和肯尼斯的對談，可上播客（storytellingwithdata.com/podcast）聆聽第四十一集。

我在本書多處提出建議與策略，以下列出其中幾個要點：使用導航方案為自己和觀眾指引方向；清掉不必要的資訊以利集中觀眾的注意力；始終清楚知道自己為何將一些設計元素納入簡報的內容。我提及的設計元素，適用於某個領域或某類型的內容，但也能應用在其他領域或類型的內容。我建議你整體考量簡報內容，讓你和觀眾都能從中受益。

圖解能幫你解釋得更清楚，也有助於觀眾理解複雜的內容。插圖會決定並強化簡報的調性。照片幫助觀眾和講者（與簡報主題）產生關係。整體而

言，圖片可以幫助觀眾記住講者所說的內容。上述這些視覺化元素都非常強大。溫習與回顧之後，希望你對何時以及如何在簡報中使用圖片有了不同的想法。

有關「製作內容」的部分在此收尾。第二部分從第五章開始，把第一部分用低技術的手工方式規畫的內容，挪到投影片應用程式，在投影片母片設定簡報的風格和結構。然後，我們探討了一些概念，看了許多範例：如何善用文字點出要點、用圖表顯示數據、用圖像輔助解釋。

如果你閱讀本書時，剛好正在進行一個簡報專案，並且正在規畫內容、製作投影片，那麼現在該是時候，退一步重新審視，看看簡報的內容如何與投影片布局相互搭配，相輔相成。這時不妨和他人分享你的簡報專案，並徵求回饋意見。你可以利用本書提供的建議，以全方位視角繼續修改你的簡報專案。

但不要把你剩下的時間**全部**花在這裡。你簡報的內容和設計的投影片只是整個方程式的一部分，身為講者的你才是另一個重點。你的角色非常重要，在本書的最後一部分，我們將深入探討這一點。

在這之前，我們再回到 TRIX 綜合果豆的個案研究，確定是否要把圖像納入投影片，以及該怎麼整合到投影片。

善用圖像：以 TRIX 綜合果豆為例

我為諾許客戶團隊準備的簡報素材是否可以靠納入圖像而加分？為了做出正確決定，讓我們先回顧一下第六章中投影片母片所設定的結構，然後考慮哪些地方可能有機會納入圖像。我們之前曾在投影片瀏覽模式下看過這個結構圖。為了方便閱讀，我列出投影片初稿的標題：

- TRIX 綜合果豆：最受歡迎的產品
- 糟糕！夏威夷豆價格上漲
- 決策：提高價格還是降低成本？
- 我們測試了新包裝
- 口味測試：評估三種配方
- 受試者偏好原來的配方
- 杏桃乾讓替代方案 A 的口感太軟
- 替代方案 B：受試者不喜歡榛果
- 替代方案 B：受試者喜歡椰肉脆片
- 需要權衡的決策選項

讀完上述列表，我看不到可以納入我孩子照片或我業餘塗鴉（開玩笑！）的地方。所以得思考其他可能派得上用場的圖像。

在第五章，我製作了一張呈現蜿蜒路徑的投影片，如圖 8.15。

這張圖表有助於我向客戶解釋我們做出建議前採取了哪些做法（這張投影片也將作為附錄裡補充資料的導航方案）。我先在紙上畫出草圖（我很高興我這麼做了），因為我若直接使用應用程式內建的圖表範例，多半會出現直線式流程圖。因為一開始在紙上作業，刺激我思考我想向觀眾展示什麼：我們團隊走過許多曲折和彎路才抵達這最後一站，所以它不是一條直線路徑圖。一旦我在紙上完成我要的概念，就打開 PowerPoint，繪出我要的形狀（我繪製了彎曲的線條，搭配簡單的矩形，矩形按需求設定格式）。

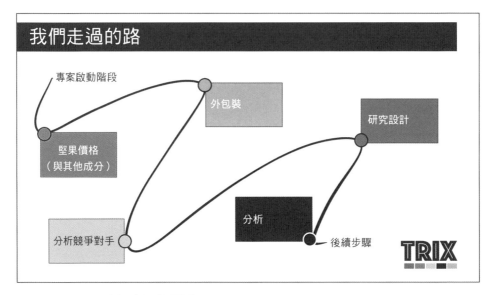

圖8.15　呈現蜿蜒路徑的圖片

　　正如我們所言，這個簡報非常重要，攸關未來能否持續合作，簡報內容關於這個企業集團一個非常重要的產品。說到包含其他類型的圖片，如果我確實納入圖片，必須謹慎選擇，在合適的地點安插圖片。

　　包裝是我們團隊進行市調的一部分，我們比較了當前的包裝和一個有視窗的新包裝，後者可讓消費者看到袋裡的綜合果豆。說到這點時，這裡顯然是放置新舊版包裝照的理想位置，可以在視覺上強化兩種包裝的差異，確保每個人在我提到消費者偏好有視窗的包裝時，想到的是同一件事，以及理解我在說什麼。

　　除了包裝，我們還將討論不同成分的綜合果豆，我們當然可以只用口頭描述每種配方的成分，或是在投影片上列出每種成分。不過直接展示綜合果豆的照片讓觀眾看，也是可行的做法，因為看到照片，大家比較容易理解和留下深刻印象。

圖8.16 產品的新舊包裝照

講解綜合果豆的配方時，需要具體的照片：我需要三種綜合果豆成分的特寫照，讓觀眾清楚看見每種配方的組成成分（以及三種配方之間的差異）。圖片庫在此完全無用武之地！我很幸運有亞莉克絲幫忙，她有一雙敏銳的眼睛，還能抽出時間幫我拍攝這三種配方的照片。見圖 8.17。

圖8.17 三種不同配方的綜合果豆接受市調

　　這三張綜合果豆的照片非常精彩！亞莉克絲不是專業攝影師，也沒有使用任何高階昂貴的器材，但她**確實**才氣橫溢。每一種配方的綜合果豆分別被放在小小透明玻璃碗中，讓它們固定變成一個球狀。她將碗放在白色窗台上，既可以獲得單色調的中性背景，也可以善用自然光。然後亞莉克絲用 iPhone 8 手機拍下它們，試了不同的角度，並調整碗中成分的排列方式。因為堅果、玻璃碗和白色窗台之間有明顯的對比，所以她沒有做太多修改。亞莉克絲使用 PowerPoint 內建的功能刪除背景（沒有 PowerPoint 應用程式的人可以使用 remove.bg，一個免費的線上工具）。整個程序（從在玻璃碗內調整綜合果豆位置到完成拍攝作品，如圖 8.17）大約花了三十分鐘，結果成功拍出客製化又專業的效果，可以整合到我的投影片中。

　　我打算利用這同一張投影片逐一介紹綜合果豆的成分，這樣我的觀眾就能在我描述每種配方時看到每個圖像。這麼做，照片能協助我記住以及強化觀眾對每種配方組成成分的印象。之後，當我們與諾許團隊評估口味測試的結果時，我認為可能會有機會再次使用這些照片，這可以協助每個人清楚了解三種配方之別，以及每種配方在各個指標的偏好之別。

　　我已經開始為我的簡報投影片製作了一些實質內容，我將繼續添加內容，並徵詢團隊的回饋與意見。我還計畫讓客戶群中的一些友好人士過目內容，確認這些內容能有效地對其他觀眾傳達訊息。再不久，你可在本書看到完整的簡報內容。

　　隨著與客戶團隊見面的日期漸近，我不僅得花時間努力準備簡報內容，也必須努力提升自己。接下來，我們將關注我該怎麼做，以及**你**該怎麼做，為即將到來的上場做好準備，確保簡報能出色而有效地傳達訊息。

第３部　上場演説

第 9 章

熟能生巧

你已完成規畫並製作了簡報內容。但是如果無法有效溝通，再怎麼讓人驚豔的內容也會變得平淡無奇。在本章，我們的關注對象是身為講者的**你**。

當你負責口頭解釋所做的分析研究、專案或工作簡報時，你是這個過程的關鍵角色。想想你以前參加過的演講或簡報會議，如果你和我一樣，參加過水準參差不齊的演講或簡報會議（從極差到極佳都有）。到底簡報受到的評價屬於哪一端，往往取決於一件事：傳達訊息的講者。他們講述的方式是否讓觀眾想繼續聽下去？

我曾參加過一個大型會議，期間聆聽了一場簡短演講，主題是紐西蘭一種稀有鳥類鴞鸚鵡（kākāpō，面臨絕種的危機）。我並沒有刻意選擇參加這場演講，但會議屬於單軌活動（single-track event），所有與會者參加由主辦單位統一安排的活動與演講。那場演講，我坐在一張舒適的椅子上，旁邊坐著我不常見面的朋友。沒想到感覺出乎意料地好，也沒料到這個演講如此有趣。它吸引我並不是因為我對這個主題感興趣，

而是因為講者顯然對它充滿了熱情，這樣的熱情是會傳染的。我可以清楚看見他非常重視這個主題，也讓**我**比原本更重視這個問題。講者也應用了一些很好的視覺化設計元素，但這些都只是錦上添花，**他**才是那個讓整場演講如此吸睛的關鍵。

一個磨練過、技巧嫻熟的講者能夠為平凡無奇的演講內容加分，反之則不成立。你也許規畫了很棒的內容：精美的圖像、美麗的視覺化資料、精心設計的投影片，但是若你無法吸引觀眾的注意力，無法引起觀眾共鳴，你最後恐怕是白費工夫。

切勿讓這種情況發生！最好是：我們大家都可以成為優秀的講者。

這不是什麼神助的奇事，需要時間以及謹慎、積極地練習。這一切努力都發生在幕後，所以很容易被外人忽視。你看不到成為一個優秀講者所須付出的努力；你只看到他們幕前成功表現的結果。你是否曾經看著技巧嫻熟的講者，一邊心想：我希望自己也具備公開演說的才華；心想他們能在觀眾面前自在又自信地演說，真是受上天眷顧的幸運兒啊！

TED 演講是個很好的例子。一個不起眼的人走上舞台，看似不經意卻非常得體的穿搭，然後發表讓人眼睛一亮的演說，內容讓人感動振奮。有時他們看似駕輕就熟，幾乎不費吹灰之力。

如果你按下倒帶鍵，才會看到剛剛那二十分鐘看似輕鬆的演說背後，其實是講者花了數月時間接受專業的規畫和指導。

我一開始當然也不是自信十足的講者，我的手會顫抖、聲音會緊張、會用過多的「啊」、「嗯」等填充詞。我的演說技巧是透過用心準備和大量練習累積來的。隨著時間推移，我和我的團隊漸漸培養了這種能力。因此，我堅信我們可以在溝通訊息時，變得愈來愈細膩，愈來愈有成效。

在本章和接下來的三章，我們將學習具體的策略和技巧，讓你做好準備，

以精湛沉著的方式完成簡報或演講。本章聚焦於如何表達和解釋你製作的具體內容。我們將分析具體的做法，幫助你繼續精修輔助演說的投影片，以及幫助你用更靈活的方式使用投影片。在第十章，我們會進一步聚焦在你這位講者身上，建立你身為講者的自信。

一開始先簡單地練習如何大聲說話。

大聲練習

當你準備在任何一種重要場合發言時——無論是與同事的圓桌工作會議、線上演說，還是站在大型會議的講台上——我的首要建議是：花時間大聲練習。

當我們大聲練習時，一個需要更關注的重點是過渡。更具體地說，我指的是投影片、圖表或主題之間的轉換。當你坐在電腦前翻閱投影片時，你清楚知道播放每張投影片時，你要說什麼。然而，你很容易忽略投影片之間的轉換，導致口頭簡報時出現不連貫。但是當你練習並大聲朗讀內容時，你會逼自己更仔細思考投影片之間的轉換。你必須找到能夠流暢連接各個部分的詞語，不僅為自己，也能協助觀眾更容易理解簡報的內容。考慮到不同主題之間轉換的連貫性，不僅有助於形成流暢的過渡，還可以進一步改進內容存在的問題，替你的口頭簡報加分。好的過渡能夠讓簡報擺脫雜亂無序、不連貫的狀態，變得更精簡流暢。

以不同方式大聲練習有許多好處。當我為一個重要的演講預做準備時，我會打開投影片的瀏覽模式，一次練習一張投影片，最後則不看投影片，大聲練習我要傳達的內容。接下來我們一一討論這些方法。

大聲練習：投影片瀏覽模式

回想一下，在第四章我建議大家大聲講述你的故事，當時我們正沿著敘事弧整理要點。在第五章，我們把故事情節挪到投影片，並在簡報的瀏覽模式下檢視架構與流程（當時投影片只有簡單的標題，內容則是空白）。現在，你已完成內容，是時候可以再次打開簡報縮圖瀏覽模式，檢查內容架構並大聲練習。

在縮圖瀏覽模式下大聲練習，有助於評估簡報內容的整個流程是否順暢，同時能夠練習過渡的部分，進而記住簡報的進程。此舉也可以讓你發現哪些順序需要調整，讓內容更流暢。如果某些地方感覺不對勁或者你很難從一張投影片轉換到另一張投影片，這通常代表，你得改變順序或在兩張投影片之間插入其他內容。在靜態的瀏覽模式下大聲練習，也可以讓你確定是否在某張投影片上使用動畫效果（例如物件出現、變透明，或消失等等），以及何時使用動畫效果最合適。在本章結尾的個案研究，我們將分析一個具體的例子。

大聲念出來

大聲念出來可以幫助我們精煉內容、有效練習，並針對圖表、投影片和整體簡報找出更好的解決方案。我長期以來一直支持這種簡單且被低估的策略。如果想進一步了解這個策略，請收聽播客「storytelling with data podcast」第六集，標題是「大聲念出來」（say it out loud, storytellingwithdata.com/podcast）。

大聲練習：一次一張投影片

當你對整個流程感到自在時，一張張大聲念出投影片內容。在縮圖瀏覽模式下進行的檢視可能會停留在整體流程的高層次，但是逐一檢視每一張投影片則可以幫你確定每張投影片需要闡述的具體重點。你可以測試每張投影片需要深入到多細的細節，並且把口說會用到的詞句以及講述的順序練到滾瓜爛熟。反覆練習多次（特別是你感到困難的部分），這麼做可以讓你嘗試不同的策略，找出最好的解決之道。

在本章稍後，我會請你模擬實際簡報的場合與情境，完整演練整個過程，到時會再回到大聲念出投影片的練習。現在，首先你應該大聲念出投影片內容，清楚傳達你的要點，並確保投影片的內容能夠充分支持你的簡報。如果有什麼重要的內容，你擔心自己可能忘記或遺漏，可在投影片中加入文字、短語、強調符號等提示，提醒自己別忘了強調這些要點。練習過程中，注意自己哪裡表達不自然，或任何讓你感到卡卡的地方，要嘛繼續練習直到更加順暢，要嘛修改內容。如果你有較多的時間，可以等到休息後重新回來檢視這些問題，休息後的大腦與思緒會更敏捷，你可能會有更好的表現。

我得練習到什麼程度？

我認為你須練習到對內容感到自信，並且能夠流暢地解說為止。由於簡報的觀眾與情況隨時在變，練習的強度也會跟著改變。在這一章，我分享我個人為重要簡報預做準備的完整練習方式。這不代表你每次簡報都必須遵循這套策略。有時，在縮圖瀏覽模式下，簡單地演練一遍可能就夠了；有時你可能需要多次練習某個轉換，以便過渡更加順暢。練習到什麼程度，須根據你對主題的

熟悉程度、時間限制和其他因素而定，然後選出最符合需求的練習方式。簡報的重要性愈大，就須花更多時間練習。

有人認為，過度排練弊多於利，但我不同意這個說法。如果你準備得夠好夠充分，對內容自信有把握，就能在簡報時保留一些腦力注意其他事情。例如，你可以觀察會議室裡其他人的面部表情，並根據情況調整你的簡報方式，或是在講台、室內空間裡刻意移動（我們將在第十二章進一步討論這個面向）。總之練習的目的是讓簡報聽起來自然而流暢，**不像**是在背誦或照稿念。

當我整理好一張投影片的要點時，有時我會在簡報軟體中使用講者備忘稿（speaker notes）。你可以在正常投影片模式（即投影片編輯模式）的下方，按下備忘稿的功能按鈕，就可開啟編輯備忘稿的視窗，然後在視窗內加入文字。我不建議寫出完整的備忘稿，只須加入幾個單字或短語作為提示即可，幫助你回憶內容（假設在簡報時你能看到這些備忘稿）。你也可以使用講者備忘稿強調關鍵要點，或為簡報內容提供更多細節。當其他人代表你進行簡報，或者你需要將這些簡報內容分享給你的觀眾時，使用講者備忘稿功能非常有用。

大聲練習：不需投影片

我也主張在不靠投影片的情況下大聲練習。我經常這樣做，其中一個好處是你可以不受地點限制，隨時練習。我經常在我家社區散步時，邊走邊大聲練習，用聲音加強我對內容的印象（幸運的是，這麼做時通常不會遇到太多鄰居！）。這麼做對我的幫助如下。首先，這有助於我之前提到的過渡。每次練習從一個想法（或概念）轉移到下一個時，等於是強化大腦中已經建

立的神經通路，以便上台簡報時能夠流暢地連貫。大聲練習時，我聽得到自己的聲音，可探索精進我聲音的方式（我將在第十章詳細討論這個面向）。

此外，不靠投影片練習，我被迫預測和記住接下來的內容，而重複是成功的關鍵。我愈常重複練習，記住內容順序的難度就愈小。當我知道接下來要說什麼，我可以巧妙地將目前的內容與接下來要說的內容連接起來。當我大聲念出內容時，我同時在思考順利過渡的方式、適當的字詞以及接下來要說的內容——我的大腦同時進行著多項工作！事前所有的練習與努力能讓我在簡報時，保持沉著冷靜，謹慎選擇用字與表達方式。

在不使用投影片的情況下進行練習還有一個額外的好處，有時我會忘記內容的確切順序，而用了不同的順序表達內容，結果比我原先設計的更有效。因此這種不使用投影片、大聲講出內容的練習還能夠讓我發現，哪些地方可以再精進。

將內容牢記在心，當你……

在進行全新簡報的前幾天，無論是主題演講、線上活動還是培訓課程，我都會在刷牙時用腦子演練較困難的部分。這是我能夠不受干擾，自己一個人獨處的寶貴時間，可用於反覆思考不同用字和措辭，以便找到最佳的表達方式。當我這樣做時，我會反覆思考同一個部分，因為我發現重複對我幫助很大。利用日常例行公事的碎片時間（我不一定每次刷牙都這樣做：有時早上練習一次，晚上再一次，或者連續幾個早上重複練習），也有助於我牢記簡報的內容和順序。想想你一天中做哪些例行公事時不需要太動腦思考，你能否利用那段時間來精煉你的措辭和內容？

我不主張死背，這麼做風險太大。萬一你忘了想說的重要字詞或片語，可能會打亂簡報的整個節奏。但我贊成牢記要點。其中一個值得牢記的東西是內容之間的順序和連貫性：第一部分是什麼，其次是什麼，以此類推。不靠投影片進行練習可幫助你記住簡報的整體結構和順序。

雖然我不建議死背，但我**確實**要鼓勵你，好好規畫簡報或演講的開場與結尾。

規畫開場和結尾

上場簡報的開場和結尾是重要部分。你的開場方式會讓人留下第一印象。在最初的幾分鐘，觀眾會決定是否繼續專注聽你講話，或分心轉向其他目標。要特別重視這些開場時刻，讓觀眾對你這個講者、你的主題以及你表達的方式產生興趣。在結尾時也要留下良好的印象，結尾是觀眾對你留下的最後印象，而且會持續存在，所以結尾也要讓觀眾留下正面的印象。

有力的開場

首先聚焦在設計一個有力的開場。每當我要討論一些新的內容時，我都會規畫有力的開場。最近我錄製一集播客節目，訪問了一位嘉賓。除了聲音，還錄製了影像，並同步直播給正在收看的觀眾。若節目只播放聲音，我通常先擬好自我介紹稿，實際上是將內容寫下來。然後在錄音前大聲練習幾次，希望錄製時聽起來自然而流暢。

由於這次的播客節目是影像直播，所以剛剛那種做法行不通，我需要與我的嘉賓和觀眾建立連結，而不是朗讀寫好的腳本。為了讓開場強而有力，我規畫了一套流程。首先是自我介紹，然後提供一些關於嘉賓的背景資訊，

解釋為何其他人會對他感興趣。接著我會解釋自己因為什麼機緣認識了他，並講述具體的趣聞軼事，激發觀眾的興趣。然後我會直接提出第一個問題。上述是我整個節目的內容以及流程。

　　直播前我大聲練習，每次的方式都略微不同，這招很有用。我發現從主題 A 切換到 B、C、D 的不同方式，這讓我實際與嘉賓對談時，掌握很大的彈性——因為有多種方式，可根據需要靈活調整。另一個大聲練習的好處是：有時候，我發現自己走的路不符預期的方向。在練習時，我可以輕易中斷談話，回到之前的一個點重新開始。大聲練習能讓我及時發現問題並修正，這可比直播時，在觀眾面前迷失方向、無法清楚表達好太多了！

　　如果你在眾人面前說話容易緊張，那麼一開始就必須清楚知道自己要說的重點，這點對你幫助很大。事先擬好清楚的開場計畫，能讓你輕鬆應對公開演說前幾分鐘的緊張狀態。你完成開場的自我介紹後，可能不再那麼緊張，接下來簡報其他內容時就更能靈活地思考。

規畫結尾

　　同樣重要的是注意簡報的結尾部分。你希望觀眾留下什麼樣的感受或想法？無論你是在大型會議上發表演說，還是在圓桌會議上對同事簡報，你的目的是希望他們記住你的關鍵要點？還是根據你分享的見解採取行動？簡言之，理想的結尾有助於實現這些目標。

強而有力的結尾聲明

我演說與簡報的場合，要嘛在大型會議的舞台上發表主題演講，要嘛在培訓工作坊，站在學員面前。在這兩種情境下，我喜歡在結尾部分逐步引導觀眾進入期待的狀態。通常這需要引人入勝的故事，搭配事前精心的排練，才能強化演說的關鍵要點，激發觀眾對未來的展望與信心。最後再鼓勵觀眾將所學應用到自己的工作。結尾聲明是精心設計、提前規畫，並以自信的口吻表達。結尾聲明也清楚讓觀眾知道演講至此畫下句點。請大家開始思考如何做出強而有力的結尾聲明，讓觀眾受到啟發，對演說與簡報內容留下深刻印象。

讓結尾符合演說的場合。例如在商務會議的簡報，結尾的內容可包括感謝觀眾撥出時間、重述接下來的行動計畫，或告知利害相關人士下次更新的時間點。如果最後一張投影片會留在螢幕一段時間（例如在討論交流時以及Q&A 時段），請善用這最後一張投影片，將關鍵要點或主要訊息放在上面，作為自己和觀眾的視覺提示。

知道如何結尾可以讓你從容地結束演說。即使是較輕鬆的場合，我建議你仍然要仔細規畫結束的方式。這是你讓觀眾記住重要訊息並長期留下積極印象的機會。

向他人尋求回饋

你已經以數種方式大聲練習並規畫演說的開頭和結尾。現在是時候向他人請益，尋求回饋，進一步精進你的演說。在尋求有關內容和演說方式的回饋時，需要慎重考慮請益的對象，以及哪種類型的意見對你最有用，才能幫助你有目標地改善與調整缺失。

決定請益的對象

誰的回饋對你最有幫助呢？在評估潛在的請益對象時，可以考慮支持你和批評你這兩個極端。如果你缺乏信心，從**支持者**那裡獲得初步回饋是不錯的起點。這會提供你動力，並幫助你找到正確的方向。如果時間緊迫，向你的超級粉絲尋求回饋也是較明智的選擇，因為支持你的人可能更願意在你時間不夠等限制下，努力幫你找到解決方案。

如果你有更多時間，可根據簡報或演說情境，偶爾向**批評者**尋求意見也是合理的。他可能是一個對你要求嚴格或是你預期可能對你想傳達的訊息持相反意見的人。找這樣的批評者有幾個好處。首先，邀請意見相左的人提供建言，可以幫助你了解不同的觀點。此外，這有助於發現引起反對的原因，以便你深思熟慮地找出解決之道。再者，向反對者尋求回饋意見，此舉本身顯示你脆弱的一面，這向對方傳遞一個強烈訊息，即你看重他們的觀點。如果對方同意指導你，你應該採納他們的建議。這樣的交流可能還有額外好處——將他們從反對者變成支持者。想像一下，如果你在口頭報告前，向即將參加你簡報會議的人徵求意見，他們可能會一改初衷，改而在簡報會議上支持並鼓勵你。

選擇批評者時，另一個考慮因素是他們對你要傳達的內容有多熟悉。請益對象是專家還是對該領域不太熟悉的人，哪個對你來說更有幫助？若是**專家**，對相關主題具備專業知識，可能更容易理解你要傳達的內容，並更關注你的表達方式。他們還可以幫助你預測可能出現的問題，讓你知道自己是否偏離了主題或是講得過於誇張，這些都是讓你及早了解並解決問題的好機會。可以請專家扮演反對者角色，提出不同的觀點或困難的問題。透過練習，提升自己預測可能發生的意外挑戰或轉折，並為其做好準備，等到真正上場報告時，你就愈能夠靈活應對突發狀況。

請益對象若對你的主題**不熟悉**，例如找一個對你演講內容不甚熟悉的朋友或家人，這做法對你的簡報或許也有助益，例如協助你確定自己是否使用了艱澀難懂的語言，以及必須重新調整設定的脈絡背景。鼓勵請益對象在過程中提出問題，並明確表示你重視他們誠實且直率的回饋。回答他們問題的過程會強迫你釐清自己的邏輯與思緒，改用更合適的用字和解釋方式，進而將這些調整融入到之後正式的簡報與演說。

支持者的意見幫助我精煉我的故事

當我需要他人的回饋意見時，我經常求助自己的頭號粉絲——丈夫蘭迪。我知道他會坦誠給意見，誠心希望我表現出色，所以當他提供回饋時，我會專心傾聽。他的觀察常提供一個新視角，讓我知道自己是否用了易於理解的方式講述概念，或者我是否有必要進一步簡化內容。他也是講故事的高手。我經常就我用來介紹內容、說明或強化要點所規畫的故事，徵求他的意見。生活中，誰能提供你回饋，精煉你的演說？

前面提到的每個角色都對你的演說有幫助。無論是關鍵場合，或者你只是想訓練並磨練公共演說的技能，向多人請益往往是有幫助的。收集各種意見有助於驗證你的想法是否可行：一個看似不可靠的意見可能不需要你費心理會，但如果從多個來源得到相同的建議與回饋，那就值得你傾聽並相應調整。

具體說明你需要什麼回饋

你還要清楚知道什麼類型的回饋對你最有用。你希望請益的對象專注於你的演講內容，確定自己的用字能否讓觀眾理解？或者請益對象應該關注你的表達方式？包括你的肢體語言和你說話的語調？你想讓他們在你演練的過程提供意見？還是直到練習結束才提供看法？一開始就設定好你希望的方向，讓提供意見的人知道自己要注意什麼，並自在地提供意見。

知道自己想要什麼樣的具體回饋，有助於你決定呈現內容的方式，以便獲得你所需的回饋。例如，如果你想評估內容的流程是否通順連貫，並希望有人幫你揪出錯誤或問題，可以打開投影片的縮圖瀏覽模式。使用遠距會議程式，打開共享螢幕，讓請益對象透過網際網路連線觀看你簡報的內容。或是讓請益對象坐在你身邊，打開簡報軟體，點擊各個投影片。這種方式會讓你和對方流暢地對話，你可以向他傳達你內容安排的邏輯和想法，並得到回饋。另一方面，如果你尋求的意見係針對你上台的簡報方式，那就正式地排練一次，並從頭到尾逐步播放投影片。在這種情況下，雙方事先約定好，等到你結束簡報後才提供回饋，以免打斷流程的連貫性。

當你面臨時間或其他限制時，要向提供回饋的人坦誠相告，因為這可能影響是否調整以及該做何種調整。如果你的重要會議明天就要進行，而你只想對細節進行微調，那麼你需要的回饋類型和調整程度就會與幾周後登場的報告有所不同，後者可以允許你彈性地做出大範圍調整。如果你對於需要什麼樣的回饋和你所面臨的限制，能夠具體地向提供回饋的人說明，你可能會得到更實用又可行的回饋。

擬真練習

如果你徵求了其他人的回饋意見，你可能認為自己等於排練了一次，因為你按照實際登場會採用的方式，從頭到尾向請益對象簡報了一遍你的內容。如果你得到的回饋很少，加上你對內容和表達方式都感到滿意，可能不需要再進行一次擬真練習。然而，如果你沒有向其他人徵詢意見，而是用了不同的方式，或是根據回饋意見做了些修正，那麼我建議你單獨地再進行一次擬真練習。利用這次演練的經驗，對內容進行最後的微調，確保時間控制得當、熟悉簡報軟體的操作，讓演說更流暢。

盡可能模擬或重現演講的環境

盡你一切可能，重現或模擬實際演講時的場地和環境。如果你簡報時將坐在桌子旁，那就坐下來，從電腦上逐步播放投影片。記得抬起頭離開電腦螢幕，練習眼神交流，彷彿觀眾在現場。如果你將站在舞台或是會議室前面演講，練習時也要站起來，拿著遙控器對著螢幕切換投影片。練習時要掃視整個會場，就像你實際登場演講一樣。若是練習線上演說，講話時要看著攝影鏡頭。

盡量讓練習逼真，看起來以及感覺起來和實際演講沒兩樣。

熟悉陌生的技術

如果你會使用到新的技術，進行擬真練習時，就是熟悉它們的絕佳時刻。我之前已提到一個例子。如果你需要使用遙控器切換投影片，事前就要用遙控器進行練習（最好是同一款遙控器，但如果無法如願，用類似的也沒關係）。如果你知道要拿麥克風，可以拿假的麥克風進行練習。沒錯，這聽起來很蠢（而

且看起來也很滑稽！），但這可以讓你提前解決一個難題——如果我一手拿著遙控器，另一隻手拿著麥克風，如果我想喝口水該怎麼辦？——有了這個經驗，你實際上場演說時，會感到更自在。

對於任何會影響到你投影片內容或設計元素的技術，事前準備尤其重要。例如，如果不是用自己的電腦進行簡報或演講，事先得預想可能遇到的挑戰並做好準備。正如我們在第五章的討論，這可能代表你必須在主辦單位提供的電腦上下載特殊字體，或者一開始就放棄使用特殊字體，以免出現意外狀況。

如果你將在虛擬環境發表演說，須提前練習以便熟悉你將使用的軟體（如Zoom、Google Hangout、Microsoft Teams、Cisco WebEx 等）。盡可能在排定的正式會議之外，自己一個人或找同事一起練習，這麼做可以讓你自由地摸索這些程式，不用擔心中途被打斷，也能較輕鬆地記錄操作方式並牢記在心。此外，你還要熟悉如何分享螢幕、打開和關閉視頻與音頻、知道如何切換到其他視窗（如聊天、問答功能等等）。

當我做線上簡報時，我經常使用一項神器（我的首選設備是 ATEM Mini Pro）。這個轉接器（switcher）可以讓我在直播線上演說時，隨時流暢地切換到投影片的畫面。我還可以使用畫中畫功能（我可以在主要視覺區顯示投影片，同時在這個視覺區裡面或其他位置，策略性放置一個相對小的攝像頭視頻，用於展示我這個講者，或者反之亦然）。如果我計畫以這種方式簡報或演講，會在投影片上設計一個占位符，作為畫中畫框的所在位置，確保有足夠空間讓投影片與畫中畫框所有元素可以充分配合，不會彼此重疊或擠壓。即使我經常使用這個切換器，但每次練習簡報實際操作它時，總會碰到一些問題需要解決。

練習時，你甚至可以穿上正式演講時打算穿戴的服飾與配件。這聽起來可能有些怪，但此舉可以讓你在問題變成真正的困擾之前及時發現並修正。例如你計畫在演講要穿的鞋子，卻在練習幾分鐘後讓你不舒服，或者你打算

穿的新西裝讓你熱到無法忍受，你可能需要重新考慮。

替自己計時

進行擬真練習時，記得要隨時監控時間並做紀錄。開始練習時看一下時鐘。練習時，試著保持你正式演講會用的節奏，記下講到關鍵要點或過渡到下一個主題時的時間點。最後記錄你結束演說的時間點。

如果演說結束，你計畫邀請觀眾一起互動、討論或問答，得預計須預留多少額外的時間，將練習所花的時間加上這些額外時間，看看是否超過被分配的演說時間。你需要做調整嗎？

若演說時間有限制，例如會議議程安排的十分鐘或發表四十五分鐘的主題演講，為了確切掌握時間，你可以採取以下具體措施。自製一份時間表，確定每個環節所需的時間。演說時隨時查看這份時間表，決定自己應該加快節奏以免超出預定的時間限制，還是放慢速度填滿剩餘的時間（除非提前結束是可行的選項）。

你還可以在內容中設置**緩衝區**。這些緩衝區可以出現在你發現自己演說進度超車、多出額外時間的地方，或者在時間不夠得加快節奏之處。另外一種緩衝區是在兩個不同的內容區段之間插入休息投影片（按照前面提到的導航方案）。利用這些休息投影片總結前面講過的內容，並以更詳盡或更簡短的方式預告接下來的內容，這得視所剩時間而定。另一種緩衝區是在演說過程中分配一個或多個時段，邀請觀眾互動或提供意見（例如問答時段）。同樣地，你可以根據所剩時間而定。

用字遣詞要精準

在擬真演練時，可以更具體地思考用字遣詞，它們既能準確地傳達你想溝通的要點，又能顧及到觀眾的需求。我曾參加一個會議，當時有兩位演講者陸續上台演說，其中一位講者的用詞讓我留下深刻印象，但另一位講者的用詞則讓我不悅，感覺被冒犯（所以我寫下那位較優講者讓人印象深刻的說法，在這裡與大家分享）。這讓我深刻感受到，他們的高下之別主要取決於遣詞用字。

作為出色的講者，你會充分考慮到觀眾的多樣性，尊重他們的經驗，並建立觀眾對你的信任與信心：

「如果你不熟悉，我快速向你解釋一下；如果你熟悉，請耐心等待一分鐘。」
「你以前見過這個，但我現在要用它來⋯⋯」
「我沒有證據支持這一點，但我懷疑⋯⋯」

他與那位表現遜色的講者形成了鮮明對比，後者把我之前熟悉的東西介紹得像是全新的，然後談到一個我完全陌生的概念，卻表現得彷彿這是眾所周知的概念。他有意冒犯大家嗎？不太可能，但我覺得他似乎沒有考慮到觀眾（包括我），這讓我想聽他演說的意願降低。謹慎選擇你的用詞，在擬真練習和反覆口頭練習時，精進你演說的用字。

當你面臨時間限制時，專注於你自己

截止日期逼近時，我們很容易認為時間最好花在演說的內容，不過實際上更好的做法是將內容放一邊，不用再進一步修改，而是專注於你自己和簡

報的方式。採用我們在本章探討的策略。大聲練習。熟悉演說內容，特別是如何在不同主題、段落和投影片之間流暢過渡。規畫一個有力的開場和結尾。在正式簡報前獲得回饋並整合回饋意見。透過擬真練習，精進演說方式，確實掌握時間與節奏。

如果講者做到上述一切，你是不是希望參加更多這樣的會議和演講？

在本章，我們探索了許多具體策略，幫助我們更熟悉演說的內容，並有效地向觀眾傳達內容。萬全的準備會增強你的自信。到目前為止，我們涵蓋的一切策略都有助於你成為做了充分準備又自信的講者：漸漸了解你的觀眾並以適合他們的方式製作訊息、規畫故事情節、設計能夠有效展示內容的投影片、勤於練習完善演說的內容和表達方式。

除此之外，還有更多需要練習的地方，不但讓你覺得自己準備充分，也一展你作為講者的精湛實力。在下一章，我們將聚焦於作為講者的你可以使用哪些技巧，讓你打心底充滿自信，也展現十足的自信。

在這之前，我們先回顧一下我們一直在進行的個案研究，分享一些我用於精煉內容和表達方式的具體策略。

勤加練習精進內容與表達能力：TRIX 個案研究

我簡報的投影片大致已完成，現在把注意力轉向自己，為即將與諾許舉行的客戶會議預做準備。我對這個簡報專案已經耕耘了很長時間，所以我非常熟悉細節。這固然是好事，但也存在一些危險；容易讓我陷入細枝末節。我已經完成投影片內容，希望這有助於阻止我因「小」失大，但反覆練習我打算呈現的內容也同樣重要。

　　我得開始練習用口語表達，找到適合自己的用字和表達方式，並流暢地連貫想法和主題。我首先打開投影片瀏覽模式，逐一瀏覽投影片，大聲說出每張投影片的主要觀點，並用口說方式將該張的要點與下一張投影片相連接。

　　瀏覽投影片縮圖的過程中，我發現一些事情。首先，有關 Trix 綜合果豆的故事，我想強調一些具體的細節（第四張投影片）。相較於只用一張靜態圖表，如果我改用多張圖表凸顯幾個精選的重要數據，觀眾會更容易理解。這樣做對我也會更方便，因為簡報係按照投影片順序逐張解說，每一張內容都可提醒我須關注哪些特定要點。這也將有益觀眾，讓他們清楚知道我在簡報時，他們應該注意什麼地方。

圖9.1　投影片瀏覽模式

　　我找到幾個地方可安插額外的投影片，這將協助我更流暢地過渡到不同主題。在「五個簡單成分」的投影片（圖 9.1 的第五張投影片），我剛好在撰寫夏威夷豆的重要性與關鍵要點，其中一個要點是它最近價格持續上漲。為了讓觀眾進一步理解有關夏威夷豆的重要性，我會針對每個要點設計獨立的投影片，這麼一來我可在每張投影片的標題強調一個要點，然後在標題下輸入內容，呼應並支持這個要點。

　　我還需要添加一張投影片介紹包裝測試，然後再分享它的測試結果（後者出現在圖 9.1 的第七張投影片）。這個現在看起來順理成章，但直到我透過瀏覽模式練習講解每張投影片時，才意識到這一點。我還注意到其他幾個地方，可以加入過渡性內容以便順利進展到下一個主題，這讓我能更清楚地解釋圖表並凸顯重要的數據點。進行這些修改之後，我退出投影片縮圖瀏覽模式，逐張講解投影片。

　　此時，我意識到我對線性圖表的動畫設計過於複雜。我原以為按年份逐步顯示 TRIX 折線圖會很酷，但是當我講解這張投影片時，動畫設計讓我得不斷點擊滑鼠或鍵盤！我仍然會製作這個折線圖，但我打算用線段的形式呈現數據的趨勢與變化，而不是一一呈現個別的數據點，這會更清楚地傳遞我要表達的訊息。此外，我打算一次性展示所有競爭對手的三條折線，而不是一次出現一個。這些在在反映，我計畫透過有組織的內容和完整的故事線發表演說。

　　圖 9.2 的上圖顯示我一開始的設計。每個黑色圓圈代表點擊點，叫出指定的元素。第一次點擊呈現了圖表的主標題、座標軸標籤和標題。然後，我逐年呈現深藍色的 TRIX 線段。我也逐一加入每個競爭對手（灰色線條）的折線圖。此外，我還陸續呈現其他 TRIX 的產品。總共點擊了十七次！

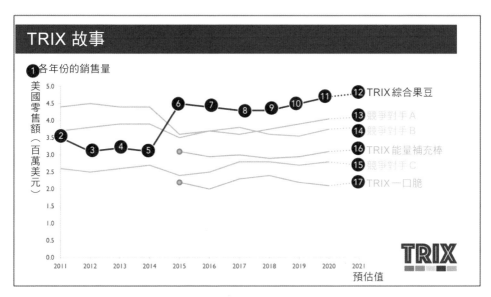

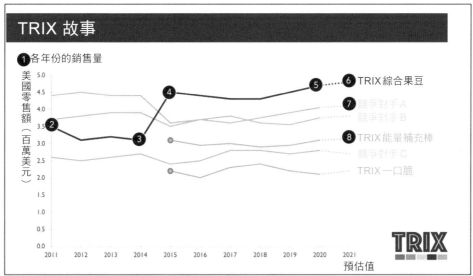

圖9.2 動畫設計從點擊十七次減到八次

　　圖 9.2 的下圖是我修改後的投影片。我將動畫設計點擊次數從十七次減到八次，結果有了更流暢的進展，有助於引導和強化我演說的要點。

我又在其他幾個場合講解我的投影片。我還尋找機會，在沒有投影片協助的情況下，對內容進行分段解說。藉由這方式，我不斷微調內容並精煉我的演說。

我計畫透過這部分的練習，思考如何開始和結束我的演說。我已經有了完美的開場方式。我一直牢記著自己在第六章為演說標題想出的那句簡潔又令人印象深刻的短語：「魔力藏在夏威夷豆裡」。我會以這個關鍵訊息作為開場，然後進入 TRIX 的故事，討論所面臨的問題、進行的測試、測試的結果，以及我們為客戶所提的建議。

至於結尾，我的目標是讓客戶群進行有憑有據的討論。我已經設計了一張投影片，上面列出了三個明確的選項供客戶考慮與討論。我將使用這張投影片引導客戶進行討論，然後在結尾時再次播放標題投影片，讓觀眾可以開始為行動做好準備。

此時，我聯繫諾許裡一些友善人士，安排時間與他們一起討論我的計畫，然後聽取他們的建議。我首先聯絡麥特，他是凡妮莎的首席助理（你可能還記得凡妮莎是諾許的產品部主管，負責的產品線包括 TRIX 綜合果豆，正是她委託我進行這項專案）。在我們開始這個專案時，麥特才剛加入諾許。現在已過了一段時間，他應該進一步知道凡妮莎的喜好，可以幫助我的演說確實考慮到凡妮莎的偏好，並滿足她的需求。我還會問他，我是否需要和其他人提前見面。

我會把和麥特的對話保持在較高的層次，不深入細節。然後我會單獨一個人進行完整的擬真演練，同時為自己計時，以便在合理的時間內完整呈現簡報的內容。

我還想到：我們之前已與諾許研發團隊的感官分析師艾比和塞蒙分享了我們的一般方法論，並得到了他們的初步認可。現在是與他們再次會面，進

行完整分析的不錯時機。和兩人討論，對我來說將是一個提前練習的良好機會，讓我在主要客戶會議上能更遊刃有餘地處理相關要點（特別是如果要求嚴格的首席財務長傑克也在場）。另外，兩人在最後的客戶會議中若能支持我們，將有助於提高其他人對我們的信心。

說到信心，現在是時候把注意力轉向它了。

第 10 章

建立自信

本章一開始先快速做個思考練習。現在，請你閉上眼睛。深吸三口氣——鼻子吸氣，嘴巴呼氣。然後，我希望你想像一下，你剛剛做了你職業生涯中最重要的演講，並且非常成功。你的觀眾非常投入，你改變了他們的想法。他們專心傾聽，肯定你的觀點，並且準備根據你分享的內容做出相應行動。他們鼓掌。大家在你結束演說後祝賀你表現出色。

接下來：請閉上眼睛，深呼吸，並想像這個場景。

這種成功的感覺如何？它如何表現在你的臉部和身體上？你的內心有何感受？請花一點時間找出幾個具體的形容詞，這些形容詞是你希望別人在那場出色的演說中用來形容你的特質。當我進行這個活動時，我的列表包括舒適、能幹、自信、引人入勝和從容。將你描繪的特質記在心中，我們很快會再次提到它們。

熟悉內容是一回事，但在現實中抓住整個會議室的注意力，並創造出你剛才想像的成功情境則是另一回事。在本章，我們將探索一些策略，幫助你建立自信，表現更鏗鏘有力。首先，我要求你把自己的練習情形錄下來，並評估你目前演說的技巧。接下來，我們將深入探討如何透過

你的動作和說話方式建立存在感。我們將討論緩解緊張情緒的技巧，以及哪些步驟可以讓你覺得做好準備。這些策略將加強你的自信和實力，讓你順利完成出色的演說。

錄下自己的練習：反覆觀看與聆聽

錄下自己的演說雖然讓人不舒服，卻是極其有效的方式，可以提升表達能力。當你觀看和聆聽自己時，可以誠實地評估自己作為一名講者的現成實力，並具體指出哪些地方需要改進。錄下自己的演說非常重要，可幫助你精進演說，讓觀眾覺得你非常自信，知道自己在做什麼。

在 Google 時，為了資料視覺化的第一次講師培訓課程做準備，參加公司講師培訓計畫的學員包括和我一樣即將開始教學的同事。當課程進入到某個階段，我們的教學會錄影。我們被要求選擇一個主題，並呈現大約五分鐘的內容。接獲的指示是：選擇我們熟悉的主題，這樣我們在台上可以更專注於表達方式而不是內容。我對我準備的投影片充滿自信，但當我走到攝影機前面，一些緊張情緒稍稍降低了我的興奮感。

每個人都上台報告之後，我們一起觀看了這些錄影，大家首先觀察自己的表現，然後接受小組組員的回饋意見。當我觀察自己的錄影畫面時，有一件事比其他任何事還引人注目：我穿著高跟鞋（我在台上演講時習慣穿高跟鞋），重心不斷地在腳尖和腳跟之間轉換，這讓動作顯得不自然，導致整個身體會搖擺不穩。如果有人給我的回饋意見是：「講話的時候請站穩，當你前後搖擺，這會分散觀眾的注意力。」我可能會忽略這個建議。但是從錄影畫面，我看到自己前後搖動，這讓我意識到一些事情。首先，身體的搖擺會嚴重分散注意力。我也尷尬地意識到，我在那之前**每次站在觀眾面前**可能都是這樣！一旦我意識到這個壞習慣，我立即改掉了它。

心得：對自己錄影。你會看到自己在做的事，聽到你說的話，你會想要做些調整。接著就來具體談談如何進行這個步驟。

做好準備並進行錄影

首先，確定你要報告的內容。錄影時間不需很長，也不該太長，畢竟你會來回反覆觀看錄製的畫面。通常約五分鐘的報告就足以做出不錯的評估。選擇一個你非常熟悉又遊刃有餘能在五分鐘內談論的主題。你可以從最近的一次演講中挑出一兩張投影片，或是談論你喜歡的休閒活動及其原因，或者介紹自己（第十一章會探討自我介紹的技巧；如果你目前沒有合適錄製的主題，可以先關注自我介紹，然後再回到這裡）。無論主題是什麼，請將場合設定在正式的會議或上台演說。我建議你先進行一次擬真練習，第二次才正式錄製。

同時錄製聲音和影像。在錄製時，提前思考實際登場時的報告方式。如果你正在為一個線上會議或圓桌會議做準備，那麼在錄製時就坐著，同時講解投影片。如果你在演講時會站著，設置好攝影機的位置，以便你能站著錄影。模擬預期的場景，看看你在那種環境下的表現如何。假裝攝影機是你的觀眾，像對待觀眾一樣與其交流。

現今的科技讓錄影更容易

回想以前得把攝影機架在三腳架，由一個人操作錄影，錄製在一卷 VHS 錄影帶上，然後放入連接電視機的錄影機觀看。如今，這個過程變得簡單得多：智慧型手機、內建攝影鏡頭的電腦以及像 Zoom 這樣的技術，讓任何人都能快速又輕鬆地錄影並回播。善用這種科技便利性，精進你的溝通方式！

錄好自己演說的影片後，我建議你反覆觀看幾次，專注評估你演說的各個面向。我會一步步帶你進行三次評估，並告訴你每一次應該關注哪些地方。

第一次評估：克服尷尬或不自在

如果你聽過自己錄下的說話聲音，可能會有如下反應：「這聽起來不像我！」沒錯：你的聲音聽起來不像錄音檔播出來的聲音，因為我們習慣從說話者的角度聽見自己的聲音，而不是從觀眾的角度。同理，第一次看到自己演說的影像，如果有些東西與你的預期有出入，可能會讓你糾結不已。

第一次評估只須承認這種反應是人之常情，不要被對自己儀態和聲音的預設想法所束縛。第一次評估只是讓你習慣看到和聽到自己在鏡頭裡的表現與聲音，並克服任何不適與尷尬。這有助於你再次觀看錄影畫面時更容易給出切中要害以及有建設性的評價。一旦消除不適的反應，就可仔細關注細節，找出可行的改進措施。

第二次評估：觀察自己的表現

在第二次觀看錄影畫面時，專注於觀察自己的表現。我建議將聲音靜音，完全關注在你的表情和動作。在觀看過程中記下筆記。你注意到什麼？既要留意表現不錯的細節，也要注意任何會分散觀眾注意力或其他不理想的地方。

當你細看自己的表現時，可能會發現一些顯而易見的現象。如果你需要一些方向和指導，可參考以下的具體事項和相關問題作為起點：

- **姿勢**：你是否站（坐）得挺直？看起來是過於放鬆還是過於僵硬？
- **眼睛**：你看著哪裡？眨眼是否正常？

- **面部表情：**你是微笑、皺眉還是做出其他顯著的表情？
- **雙手：**擺放位置，你如何運用雙手？
- **其他身體動作：**你動作做得太過還是太少？

特別注意任何讓你感到尷尬、不適或其他任何不理想的地方。

新進員工利用錄影學習和獲得回饋意見

在二〇一九年，麥克・希斯尼洛斯（Mike Cisneros）與亞莉克絲・維雷茲（Alex Velez）加入 storytelling with data 的團隊（在新冠疫情與線上會議還不是常態之前），他們的主要工作是學習並自信地講授我們 SWD 公司頗受歡迎的培訓工作坊（只有半天）。由於我們各自居住在不同的城市和不同的時區，我們不得不發揮創意，想出錄影這個可行的辦法。每周，他們會閱讀、學習並練習工作坊要講授的課程。到了周末，他們用攝影機錄下自己如何講解該課程，並把視音檔寄給我。這樣做有雙重好處：他們可以反覆觀看影音，批評並改進自己表現不佳的地方；我自己也能觀看，看看他們的進展並提供回饋意見。

錄影這種策略對於無法在同一個地點工作的新進人員特別有效。錄影也成為我和我們團隊一直在使用的一種好習慣，一來錄製工作愈來愈上手，二來便於透過反覆觀看精進演說技巧。這是我們團隊常態性使用的一種做法。疫情爆發後，愈來愈多人在家上班，錄製視頻成了學習和獲得回饋的好方法，無論是對於新進員工還是團隊其他資深員工皆然。

第三次評估：聽自己的聲音

你對自己演說時的表情和動作有了一定的認識，現在輪到關注你的聲音。聲音是強大的溝通工具，但大家多半不太關注它。在這最後一次的評估，關閉或最小化視頻，只聽自己的聲音。你注意到什麼？

一如觀察自己表情和動作時的做法，這次也要寫下要點。以下是幾個特別需要注意的地方：

- **填充詞**：你是否說了一些不必要的填充詞（如嗯、啊等等）？
- **重複字**：你是否一直重複使用某些單字或片語？
- **語速**：你講話是否太快或太慢？還是忽快忽慢？
- **暫停**：你是否加入了任何暫停？長度是否長短適中？
- **音量**：你的音量是否太大聲或太小聲？是否有適當變化？
- **音調**：範圍是否夠寬，聽起來一成不變還是抑揚頓挫？

一如觀看自我表現時的做法，這次也要注意聲音表現不錯的面向，以及任何你覺得減分的地方。

自我評估：整理你的觀察結果

你已經觀察也聽了自己的演講。記得我在本章開頭要求你想好幾個形容詞，說明你希望在演講或簡報時成為怎樣的人。這個目標和你目前展現的演講方式，兩者存在什麼差異？

不要對你發現的差距感到失望。重新調整你對它們的看法：把它們視為機會！這正是有趣的部分——讓你有機會採取具體行動改善缺失。我將揭

曉我和團隊使用哪些極有效的策略。我堅信每個人都可精進與他人的溝通技巧。現在你的機會來了。

觀察他人的強項，學起來

　　提升溝通能力的方法之一是向他人學習：主動聆聽並觀察他人的演說。仔細注意他們的舉止和表達方式。他們哪些地方做得不錯值得你師法？你觀察到哪些不理想的表現，希望自己演講時能避免？當你看到他人的成功技巧，你該如何將這些技巧應用到自己的演說，同時又能如實地保有自我風格？

　　為了分享你從這個過程中學到的技能，並參考他人對各類型講者的評估，可以參考 SWD 成立的群組練習「看 TED 演講學習演說技巧」（learn from TED）。當你提交自己的解決方案後，你可以看到群組其他人提出的解決方案（community.storytellingwithdata.com/exercises/learn-from-ted）。

氣場看起來像大家想關注的人

　　上台演說時，我建議盡量讓自己看起來像別人想注視並關注的人。請勿把這句話誤解為外貌或吸引力之類的東西。我指的是你透過身體語言表達自己的方式：你的儀態和你的肢體動作。如果你以一種看起來自在又自信的方式發表演說，有助於讓你的觀眾放心，讓他們認為你的確是自信與實力兼具。

　　站起來，保持良好的姿勢，帶有目的地移動，練習眼神交流，或是做些其他積極主動的事，感覺自己進入最佳狀態（因此看起來也確實如此）。讓我們更詳細地討論這些做法。

站起來

只要有機會，我都會力倡一件事——在會議上進行簡報時請站起來，而且我認為它比大家更常坐著簡報的方式來得可行與有效。站立本身就能吸引觀眾的注意力，讓他們能更長時間地關注你的演說，因為這並非常態性做法。這個看似微小的改變帶來令人難以置信的差異。當我回顧自己在公眾面前演說的過程，從坐著到站著這個簡單的轉變也代表有趣的轉折點，標誌身為講者的我，在自信心和演說掌控力都更上一層樓。

我之前在 Google 工作時，參加了講師培訓計畫，其中有一位講師妮雅姆來我講授的課堂視察，並提供回饋意見。當時我正在進行一場有關數據可視化的兩小時培訓課程。我們在一間會議室裡，中央擺放著一張大型會議桌。我的投影片顯示在桌子一端的大螢幕上。我則坐在桌子另一端的主位上。

在培訓課程結束後，我得到職業生涯最好的建議之一：站起來演說。妮雅姆表示，在講師培訓課上，她的目光得不斷地在我和投影片之間來回切換。投影片上的圖像對於講解我所教授的概念至關重要。但是坐在桌子另一端的我非常活躍，以至於她無法不注意我。因為當時的座位安排，投影片和我彼此競爭著觀眾的注意力。但是，我只要做個簡單的改變，站起來，走到會議室前面，我和投影片就能合作無間。

微調所站位置可提升氣場

在與他人互動的空間，考慮你所在位置。我建議大家站立；如果其他人都坐著而你站著，這會給你一種權威感，這在某些情況下很有用。若這做法不甚理想，改變一下。當我站著講授課程，期間我想讓大家進入非正式討論模式，我就會拉一把椅子坐下來。這個動作讓我和參與者處在同一個水平，立刻改變

了現場氛圍。另外，在一個大家都坐著的會議中，如果你想以某種方式扭轉局勢，站起來是吸引注意力的有效方式。我們將在第十二章進一步探討這個策略，並討論站立生出的其他優勢。

保持良好姿勢

無論是站立或坐著，時時注意自己的姿態。

保持良好的姿勢可以維持脊椎的自然弧度。保持良好的姿勢有許多好處，包括減少肌肉緊張、增加元氣、提升平衡能力、促進身體各部分的協調、擴大肺活量以及提高自信心等等。在簡報與演講時保持良好的姿勢有助於增強你的體力。同時，在身體與環境允許下，維持最佳姿勢，也會讓觀眾覺得舒服愉悅。

如果你在簡報時無法站立，要做到正確的坐姿，首先確保臀部貼住椅背。所以上半身先向前傾，確定臀部抵住椅背，然後坐直身體，盡量挺胸拉直背部，延展脊椎的弧度。然後稍稍放輕鬆，向後傾斜大約十度。

站立時，挺直身體！保持頭部與身體呈一直線（下巴微微內縮而不是前突）。這意味你的耳垂會對齊肩峰。談到肩膀，它們應該放鬆、向下且向後旋——切勿駝背。收緊腹部。將雙腳分開，與肩同寬。膝蓋稍微彎曲（不要鎖死！），身體重量大部分落於腳掌的腳球上。為了測試站立姿勢是否正確，背靠著牆壁，肩膀和臀部都要碰觸到牆壁。頭後側應輕輕觸碰牆壁。

你的肢體語言也在傳遞信息

　　若想透過肢體語言進行非口語交流，良好的姿勢是非常重要的第一步。當你挺直站立，肩膀向後時，會散發自信。不同的姿勢會傳遞許多訊號，其中有好有壞。了解這些常見肢體語言代表的訊號，對我們很有用，因為我們使用肢體語言時多半是無意識的，然而一旦我們開始意識到自己的肢體語言並且有意識地學習去掌握與駕馭它，就能夠更有效地運用肢體語言傳達訊息。

　　也有負面的肢體語言，例如把手放進口袋可能被解讀為缺乏安全感、害羞或膽怯。將雙臂交叉在胸前會在你和他人之間豎立一道屏障，通常被解讀為反對、防禦或焦慮的訊號。身體向後傾通常代表不喜歡或消極的情緒，反之前傾則顯示你感興趣以及想參與的跡象。

　　在第十二章，我們將回顧並延伸這些概念，因為這些會影響我們與觀眾的關係。就像他們在我們演講時會觀察我們的肢體語言，我們也可以從他們的肢體語言獲得重要的訊息。

　　現在我們已經掌握與了解坐姿和站姿的重要性，接下來將進入如何有目的地移動。

有目的地移動

　　當你觀看自己演說的錄像時，你可能會注意到自己無意識地使用肢體動作。肢體動作本身並不是一件壞事——它可以改善演講的感覺和流暢度——但要有意識地進行。這可不是我稍早描述自己在 Google 培訓課程無意識、令人分心地前後晃動，而是有目的地向前邁出一步，（例如）舉起雙手向觀眾示意要宣布某個重大訊息。

　　談到雙手的動作，如何使用它們有時是個挑戰。當你觀看自己的錄像

時，是否注意到有關自己雙手的任何事情？如果沒注意到，那可能代表你在使用雙手時，沒什麼問題。反之，你可能會注意到自己手部動作過多，或者如果你觀察到自己的表現有些僵硬，可能是因為你沒有充分利用雙手。

當他人在觀看你時，你可以運用手勢指著螢幕，示意他們關注投影幻燈片（這在你站立位置與投影片螢幕有距離時，尤其有用，我們馬上會討論到這一點）。同樣地，你可以利用**手勢**提示他人要看某個人。如果我要讓艾莉莎參與對話，我會用手朝她示意，讓大家看向她的方向。我還可以用雙手做出邀請。當我向觀眾徵求意見或參與討論時，我會向他們張開雙臂，示意互動，並在接下來的停頓中保持這個姿勢，直到有人願意發言。考慮如何藉由有目的的手勢替你加分，以及何時最好讓雙手自然垂放，以免分散觀眾的注意力。

沒必要讓觀眾關注你的簡報遙控器

使用遙控器對著螢幕翻頁時，請投資一款遙控距離夠遠的遙控器（我使用的是羅技 Spotlight 簡報遙控器）。有了它，你可以站在會議室任何一個位置輕鬆地翻動簡報。你無須伸長手臂對著你的電腦為簡報翻頁。這下你可把簡報遙控器視為手的分身，讓它自然垂放在你的身側，或有目的地使用它，例如引起觀眾注意或強調演說的內容。

你還可以利用雙手與身體的其他部位透過**空間關聯**（spatial associations）強調演說內容。例如當我提及**前後**之間的變化時（before and after），我通常會使用以下的策略。假設我面對著觀眾，若要描述「之前」的狀態，我會伸出雙手，並將身體往右側轉。面對我的觀眾會在他們的左側看到這一動

作，而將「之前」的狀態與左側畫上等號。同理，為了描述「之後」的狀態，我會把雙手移到我的左側（對於觀眾來說是右側），並將我的身體往左側轉。透過這種方式，我替觀眾建立了方向與空間之間的關係（你也可以想像我如何在虛擬會議上將雙手放在身前中心點，將它們從右向左移動）。然後，當我在口頭上提及「之前」的狀態時，我可以用手勢示意那個方向，進一步強化這一概念。

儘管在前面的解釋中，我凸顯「之前」和「之後」的先後之別，但這種策略可以普遍用於凸顯不同狀態之間的區別。想像一下，我如何將這個策略展延到從開始到結束所出現的多個狀態。一開始，我以自己所在位置的右側為起點，身體逐步向會議室左側移動，同時一邊口述從一個狀態進入到另一個狀態的過程，直到進入最後一個狀態。在會議室前方進行這樣的動作可以為觀眾創造空間連結，有效地記住演說內容。我在以後的演講中若需要回顧特定內容或討論要點時，也可以參考之前創造的空間連結，重新喚起對這些內容與要點的記憶。

使用這種技巧時，要謹慎與節制地使用，以免引起混淆，我之前已提到了這一點。此外，也要注意你與觀眾的相對位置。在西方文化中，過程習慣從左邊開始，然後向右邊展開；如果我面對著觀眾，合理的做法是我的右邊開始朝左邊移動，這樣可以從觀眾的角度出發，讓整個流程的進展符合觀眾的直覺與預期。

除了利用物理空間讓觀眾與內容產生連結，以及強化簡報的要點之外，還要考慮如何在簡報的場地以最有效的方式**移動自己的位置**。如果觀眾能夠同時看到你和投影片，這種安排是否會對簡報加分？若是，請將自己置於可以實現這一點的位置上。在滿座的會議室裡，你可以從所站位置的一側走到另一側，這樣無論觀眾坐在哪裡，都能感受到被關注。在其他特定情況，你

還可以考慮在不同的位置發表演說。當我在工作坊授課時，除了在教室前方講課，我還會刻意走到教室的後方和左右兩邊（前提是不會與投影片競爭觀眾的注意力）。如果你不習慣這樣做，一開始可能會覺得不自在。不過和大多數事情一樣，只要持續練習，你會慢慢理解何時何地這樣做是可行的，並且愈來愈駕輕就熟。

善用虛擬空間

在進行虛擬簡報時，四處走動可能沒意義，但你仍然可以根據我們討論過的策略，在虛擬環境中加以調整與應用。提前進行練習，同時透過錄影觀察自己的演說。利用這個機會全面了解觀眾能夠看到你身體多大的面積，以及你前方和兩側的空間有多大。

在發表演說時，能夠看到自己也很有用，前提是你能夠一直專注地看著攝影鏡頭，不會分心。例如，在進行線上簡報時，我會在電腦螢幕正上方外接一個攝像鏡頭。我的攝像鏡頭有一個內建的顯示屏，我會把它打開，放在鏡頭旁邊，這樣我看著鏡頭進行簡報時可以用餘光瞄到自己。如果我想要用雙手強調某個內容並確保它們在攝像鏡頭的拍攝範圍內，這做法很實用。在虛擬簡報時，可移動的物理範圍雖然被壓縮，但我仍然可以善加利用空間，替自己的簡報加分。

眼神交流

一個吸引觀眾的簡單方法是直視他們的眼睛。在虛擬環境中，這一點實際上更容易實現，因為當我直直盯著攝像頭時，從觀眾的角度來看，感覺我在注視他們。但是在現場演講時，如果我面對的是多個人或是一整個會議室

的人群，不可能實現同樣的效果！在面對多人或一整個會議室的人演講時，我需要改變注視的對象，讓每個人都感到被關注（沒有被忽視），但不要讓這種變化過於頻繁或突然，以免給人一種雜亂或突兀的感覺。通常這意味我在陳述一兩個觀點時，可以將注意力集中在某個人或會場的某個區域，然後再改變注視的位置。若是在一個大型會議室裡，我可以看向某個區域（不需具體地看著某人，也不需太長時間，以免有人感到被單獨關注）。若是在一個較小的場合，我會與個別觀眾進行眼神接觸。

如果我剛才描述的做法讓你感到不自在，可藉由練習讓自己習慣。站起來，對著你現在所在的空間發表演說。這可能意味對著一把椅子發表演說，然後對著窗戶，再對著門。同時在鏡子前練習時，記得觀察自己的表情。這一切只是讓自己看起來自在與自然。同時，別忘了眨眼睛！

你的臉部表情說了什麼？

你的臉部表情猶如你內心所想和所感的一扇窗戶。你是否開心自己在現場？是否對自己的主題充滿熱情？是否希望與觀眾建立連結並吸引他們的注意力？如果是，微笑吧！或者你正陷入思考，對某人剛剛提出的問題進行沉思，需要一點時間整理思緒？那麼，將這一切表現出來：你可以用手撫摸臉部、抬頭或看向一側（表示在思考），或者皺眉頭。如果你全心投入並對主題和討論感興趣，這些表情多半會自然而然地流露出來。

如果你在舞台上面對龐大的觀眾，或者在虛擬會議上被壓縮在一個平面螢幕上，那麼表情要誇張一點，確保觀眾能看到。一開始，你可能感覺有些尷尬，但反覆練習後會變得容易與自然些。在這些情境中，從觀眾的角度來看，你的體積或維度都被壓縮，所以誇張的表情有助於確保觀眾不會覺得你冷漠或是有距離感。臉部表情在虛擬演說時尤其重要，因為除了你的臉，觀眾往往看不到其他東西。

對自己的外表感到自在與自信

我們之前談過很多值得你關注與實踐的策略，這些策略可以幫助你在溝通時提高外在形象與魅力。除了這些具體的策略之外，想一想還有哪些做法能讓你對自己的外在感到自在，並在上台演說時呈現自己最好的一面。我建議保持足夠的睡眠。穿著讓你感到自信的服飾。這些做法能幫助你展現最好的一面。當你感到自信時，也更容易讓他人對你充滿信心。

善用你天生的特性

仔細觀察自己，也分析自己與他人互動時天生的傾向與做法，然後積極地將最好的部分融入到你的演說與簡報。下次你和朋友聊到你熱愛的話題時，比如運動、音樂、政治等等，注意一下你自己的行為。留意你如何擺放身體和雙手。你的身體前傾還是肩膀向後旋？說話的音量和節奏有什麼特點？請一位信任的朋友指出讓你發光的舉止。思考如何將這些特點融入到你討論其他話題時的表現。在表達對某個主題的興趣與熱情時，以符合自己風格和特點的方式展現，這樣才能吸引他人的注意（同時也激發他們的興趣與參與感！）。

聲音聽起來是別人願意聽的

演講或簡報時，你使用聲音的方式非常重要。你說話的方式會決定你能否吸引他人的注意，以及是否會失去他們的關注。關鍵不僅在於你演說的內容，同樣重要的是你說話的方式。你的聲音聽起來像是別人願意傾聽的嗎？

消除填充字

首先要找出並消除口語交流中不必要的重複聲音、贅字或片語。當你聽自己演講時，可能會注意到用了一些填充詞，例如「嗯」、「啊」和「你知道」等贅字。這些填充詞會給人準備不足、不確定或缺乏自信的印象。此外，它們會分散注意力，讓你難以簡潔地表達觀點或清晰地傳達訊息。

當你確認自己說話會出現哪些不必要的聲音與贅字時，努力理解你在什麼情況下會這樣做，這點非常重要，這有助於約束這個壞習慣。填充詞往往在你想使用某個字詞時出現。為了解決這個問題，你要習慣沉默。在下一個詞語出現前用「嗯⋯⋯」填充，會給人一種你不知道自己在說什麼的感覺。反之，若能暫停一下，直到思緒找到想說的字再說出適當的字（即使需要幾秒鐘），此舉會給人思慮縝密、從容自若的印象。

閱讀你說過的話，改進你說話的方式

將對話錄下來，然後轉成文字，逐字閱讀，這個做法能讓你快速確認不良說話的習慣，而且會讓你眼睛一亮。回顧我在本章前面建議你錄音的部分。反覆聆聽並寫下你說過的話。注意你重複記下的文字——這些很可能是多餘的聲音、字詞或片語。

如果你對這種方法缺乏耐心，可以借助工具幫忙。Descript 音頻編輯器可以分析音頻中常見的填充詞，並計算出現的頻率。我和我的團隊在編輯播客節目《storytelling with data》時發現這個神器，並開始在我們的工作坊和演講的錄音檔積極使用它，用以辨識我們慣用的口語填充詞，並努力克服這個習慣。

消除不必要的聲音、字詞和片語之後，你可以繼續精進使用聲音的技巧。

一個強有力的聲音始於順暢的呼吸

你可能感到緊張，但可別讓顫抖的聲音洩漏你緊張的情緒！確保聲音充滿活力、響亮的第一步是確保自己呼吸順暢。我們已經討論了坐著和站立等姿勢，良好的姿勢對於呼吸、聲音也非常重要。

當你坐得筆直或站得挺拔，肺部有空間可以擴張。深呼吸：當你的肺部充滿空氣，可以讓你的聲音響亮而清晰。當你呼吸不夠頻繁或深入，會導致聲音顫抖等問題。

保護你的聲音！

有一次，在澳洲一次忙碌的商務旅行中，我完全失去了聲音。這是在經歷連續幾天密集的工作坊和演講後發生的（其中包括一次關鍵的演講，當時沒有麥克風，我得提高音量將訊息傳達給廣大觀眾）。失聲後讓我意識到聲音對我的工作有多重要，我得好好保護它。看了耳鼻喉科醫師後，確定只是過度使用使然，自此我學會保護聲音：時時補充水分、避免攝入酸性食物、確認演講時有麥克風可用，減少聲帶的負擔。

說話時吸氣不足也可能導致所謂的**喉嘎音**（vocal fry）。這種情況發生在吸氣不足，導致聲帶無法正確摩擦，造成嗓音沙啞、粗嘎或發出炸裂般的破碎聲音。如果你注意到自己的嗓音變了，或者在長句的結尾，聲音變得有氣無力，很可能就是這種情況。要解決這個問題，請深呼吸，改用較短的句子。此外，變換音調的快慢、高低、強弱等也有助於改善這種情況。

聲音的抑揚頓挫：變化是關鍵

聲音的抑揚頓挫（vocal cadence）指的是說話的節奏或語調變化。我也聽過有人用這詞形容聲音的質地（texture）。我喜歡抑揚頓挫這個說法，因為它暗示聲音具有一些有趣和多變的特性；如果聲音有質地，它就不是單調或缺乏變化，而是多變以及有層次感。

當你聆聽自己的錄音時，可能觀察到你聲音的節奏與抑揚頓挫。了解自己演講時聲音的自然節奏與語調變化後，思考一下為什麼會這樣、何時會出現這些變化，以及如何改變它。在配速、音量和音調上的變化會讓你的聲音更有趣，也會讓觀眾對你演說的內容更感興趣。

首先考慮你說話的**速度**。加快說話的速度可以表達你對某樣東西的熱情與興趣。另外，當講到重要觀點時，你可以放慢說話速度，以便清楚表達與強調每一個字，讓觀眾有時間消化與沉澱。說到時間，停頓對於說話節奏也扮演關鍵角色。你可以在闡述關鍵內容之前先停頓，藉此引起觀眾的注意力，或在表達觀點後停頓，讓剛剛提到的重點被觀眾充分理解。停頓可以為你所說的話提供標點符號。此外，停頓還能提供你深呼吸所需的關鍵時間，這對於我們下一個要討論的音量可是非常重要。

你還可以用有趣的方式改變**音量**。有時候，為了強調某一點，不妨提高音量。剛才我聽起來是否提高了音量？（相關提示：字母全部大寫看起來就像你在大聲喊叫！）不過有時候我可能會輕聲細語，甚至耳語。如果運用得當，輕聲細語可以引起他人注意，因為他們需要更用力地聆聽。這是你在說出重要事項之前引起大家關注的一個實用技巧（然而使用這種策略務必謹慎；最好只在有麥克風可放大音量的情況下才低聲耳語，讓所有人都能夠聽到）。

音調是聲音中另一個可以變化的元素。**音調**（pitch）指的是相對的低音

或高音。如果你記得之前提到的喉嘎音，這通常發生在音調較低時。如果你注意到這種情況，試著提高音調到音高範圍的中間位置。變化音調可以讓聲音聽起來不會那麼單調。利用音調（如較高的音調）來表達興奮之情，或者藉音調變化引起觀眾的感情共鳴。例如，在討論悲傷或嚴肅的事情時，你可能希望降低音調。

調整演說時講話的速度、音量和音調時，要小心不要做過頭。目標應該是讓聲音聽起來自然、真實、對你所傳達的內容打心底感興趣。

聲音聽起來有熱情

如果你對自己傳達的內容不在意，找不到熱情或興趣，其他人也不會對你的演說感興趣。並非一切東西天生就有吸引力，但如果你對自己演說的主題毫無熱情，很難引起他人的積極共鳴。簡單地說，當我們的講話方式聽起來顯得對主題充滿熱情和興趣，會吸引觀眾的注意力。回想一下我在第九章提到有關紐西蘭稀有鳥類鴞鸚鵡的演講：因為講者對這個主題充滿熱情，讓我比原本還關心這個主題。這種熱情會產生非常深刻的影響。

你可以透過在溝通時使用身體的方式來探索這一點。聲音會配合身體。如果我聳著雙肩，低頭看著腳──我的聲音聽起來就不同。我沒有流露自信，也感覺不自信。試著擺出我描述的姿勢。低頭看著地板，然後說：「鴞鸚鵡（夜鸚鵡）瀕臨絕種。」接下來，我們來對比一下不同的肢體語言。現在挺直身子，把肩膀往後旋。舉起雙手放在身體前方，同時強調這句話：「鴞鸚鵡瀕臨絕種。」因為身體的姿勢，現在的聲音聽起來完全不同；我敢打賭你也是如此。所以不妨在演講時注意姿勢，因為姿勢會影響聲音。

順帶一提：注意自己的姿勢和聲音，並能夠及時調整，這需要一個不被其他事物占據的心智空間。這也是為何我建議你花大量時間規畫和練習，直

到自己能自在駕馭演講內容。如果你整個大腦都用於記住接下來要說什麼，就不可能同時兼顧自己的姿態和聲音。當你非常熟悉演講內容，才有餘裕注意和調整你演說的其他面向。

在你演說之前，我建議你做幾件事提高自信。接下來話題將轉移到這個重點。

積極準備

在重要會議或演講前，幫助你克服任何緊張情緒的方法之一是做好充分準備，以便能從容面對演講時可能遇到的情況。這麼一來，你可以更容易保持冷靜和專注。

備妥裝備

準備好所需的設備，你會覺得準備充分！為了實現這一點，我主張準備一個演講包，裡面備妥所需的用品，這樣就不太可能忘記重要的東西。演講包裡該放哪些東西，須根據你的需求而定，也會隨著時間推移而有所變化，畢竟你會愈來愈了解自己會用到哪些裝備，以及可以放心地忽略哪些東西。圖 10.1 顯示最近我為團隊裡新進成員整理的演講包，他們將出差協助工作坊的培訓活動。

我個人的演講包通常包括：

- 我最喜歡的簡報遙控器，用於翻頁（附充電線或備用電池）
- 筆記型電腦充電器和 HDMI 轉接器
- 隨身碟，提前將投影片存入裡面（以防萬一）
- 原子筆（供需要的人使用）

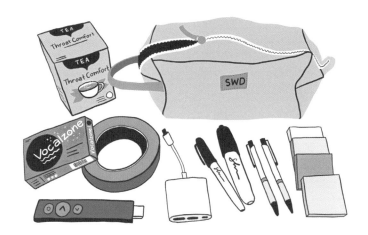

圖10.1　演講包裡的物品

- 奇異筆（如果需要畫點東西讓大家看）
- 護嗓茶、喉糖和薄荷糖
- 便利貼（我無論走到哪裡一定隨身攜帶）
- 藍色膠帶（用於黏貼標牌、固定纜線等等）
- 名片和貼紙（提醒大家哪裡應該繼續學習）
- 萬用收納包，用於存放這一切東西。

除了準備所需的用品，我還安排時間參觀我要演講的場地。

參觀場地

如果可能的話，提前參觀你發表演講的場地。這有助於在問題出現之前發現各種潛在的異狀，並一一解決。此外，熟悉場地也會減輕你一些壓力。

如果是在你辦公室的會議室做簡報，先預定好會議室，或者如果可能的話，提前安排時間檢查技術與裝備，以利演說順利進行。這麼做可以讓你有機會練習設置電腦、操作投影片以及解決任何相關的問題。

參觀場地的目的之一是，了解自己演講時所在的位置，以及自己和觀眾如何看得見簡報內容，這將有助於你最後階段的準備工作，確保一切順利進行。某些情況下，你可能會將筆電直接放在你面前或視線範圍內，並開啟「簡報者檢視模式」，這樣就可以看到接下來的投影片和備忘稿。有時候，你可能會在舞台上所站位置的地板上放置一個顯示器，可以顯示當前的投影片，這樣你就可以瞥一眼而不用轉身背對觀眾。了解這些，請規畫自己是否該移動位置或是如何移動最適合。

現在可以開始練習聲音的部分，學習如何善用技術與設備放大講話的聲音。如果你要使用麥克風，請熟悉它。了解如何打開、關閉和靜音麥克風。如果麥克風是夾在衣服上，請確認是否需要調整你打算穿著的服裝。

愈充分準備，愈容易因應意外狀況

多年前，我在奧地利的一個大型會議上發表主題演講，事先無法參觀場地或測試技術。如果我事先進行了相關準備，我就會提前得知夾式麥克風的問題，並選擇另一套服裝。可惜沒這麼幸運。就在我走上舞台之前的那一刻，一位熟練的音視頻技術人員將麥克風的電池盒固定在我洋裝後頸線一個不太理想的位置（我可以感覺到我整理好的低馬尾抵在上面！）。

如果我在其他方面準備得不夠充分——所幸我熟悉自己的簡報內容並對自己的能力充滿信心——這個小小不舒適可能會影響一切。然而，因為我對其他面向的規畫非常周延，這點只造成了小小不便，整場活動依舊非常精彩，沒有因此失分。

從頭到尾播放一次投影片。此時不必對每張投影片進行講解，但應該瀏覽一遍，因為這可以找出需要做最後變更之處。進行這個過程時，從觀眾的角度出發。在演講的會場走動，觀察會議室不同位置如何影響觀眾觀看投影片的效果。例如，如果發現後排觀眾無法清晰閱讀某些文字，或者某種顏色在螢幕上呈現效果不佳，請調整修改。

在為虛擬演說預做準備時，若你還沒有開始規畫，可以和其他人先開個會前會。會前會的地點應該和最後發表簡報的地點（可能是家裡或辦公室）相同。然後確定如何配置空間和使用哪些設備，確保會議能順利進行。

既然已經知道演講場地的樣子，現在想像自己在那個空間自信地發表演說。此外，預見可能會出現的意外情況也很有用。

預測哪裡可能出錯

當你預測某些事情可能會與原計畫有出入時，可以事先擬定適當的應對措施，這將有助於你在會議或演說時更從容地應對意外狀況，因為意外難免會在某個時刻突然出現。

事情從來就不會完全按照計畫進行。回想我之前分享在奧地利突然失聲的軼事。為了因應這種意外，我取消了行程中那些非必要的活動，以保護我的嗓子。我主動聯繫即將登場的重要活動（客戶培訓）負責人，告知他們情況並討論解決方案。幸運的是，一位靈活應變的與會者慷慨借我他的麥克風和喇叭。我調整了簡報內容，增加更多的小組活動，以便減少我講話的時間。那天，工作坊的參與者耐心聆聽我全程低聲說話。

在我多次向眾人發表演說與簡報的經驗中，幾乎每次都好像會出現大小不一的問題：事前沒有被告知一個重要限制或規定；我的航班突然被取消，不得不連夜開車四小時抵達活動現場（那時我已經懷孕七個月，還被開了一

張超速罰單！）；視訊傳輸技術人員遲到，沒有其他人知道如何操作那個難纏的投影機；預計要發給一百名與會者的重要資料未提前印製完成；我被要求向觀眾傳達新的政策，遭到觀眾反彈；停電等等。這只是大大小小諸多問題的一小部分！有趣的是，這些意外常常激發出有創意的解決方案，可在未來派得上用場。當你預見自己在演說時可能出現哪些問題，花一些時間思考如何優雅地應對（我們將在第十二章再次探討這點）。這不僅可以改善當下某個演說，還可以改善未來登台的表現。

以斯多葛式的冷靜看待事情

想到即將到來的會議或演講並為此感到緊張或焦慮時，有一招實用的方法是預見可能發生的最壞情況。我們腦袋往往會誇大風險，對自己施加不必要的壓力。除非你處理的是真正的生死議題，否則一次失敗的溝通，雖然不樂見，但遠非世界末日。

預見哪些地方可能出錯，想像可能發生的最糟糕情況是什麼。時時提醒自己：最糟糕的情況往往不如想像那麼可怕。一旦糟糕的狀況沒有比預想來得嚴重，你會更放心。這種重新框架（改變對事情的看法）有助於減輕你的壓力、提升自我表現並肯定自己完成的工作。

預見意外狀況時，讓他人也參與這個練習，其實很有幫助。你甚至可以和同事一起合作，把這視為遊戲，大家集思廣益，想像可能出現的問題以及該如何解決因應。可以把這練習視為模擬災難的訓練活動。例如，可能出現哪些技術困境？如果投影機無法正常播放投影片，或者你的遙控器在演講時突然沒電怎麼辦？你應該準備哪些備案？在與人交流中可能遇到哪些問題？

也許一位重要支持者突然在最後一刻有其他安排無法與會；一位重要的利害關係人對你很不客氣；或者你遇到意想不到的阻力。腦力激盪各種可能的問題，並練習回答這些問題，必要時重新調整對話方向。提前預見你可能面臨的各種狀況，有助於你在任何情況下都能優雅地應對。

至此，你成功建立了自信。接下來快到拿出行動的時候！不過進入下一步之前，還剩幾件事需要考慮，包括快速回顧我們一直在進行的個案研究。

建立自信：TRIX 個案研究

為了即將到來的客戶會議預做準備，我錄了自己講解一小部分投影片的影音。由於之前已錄製多次，所以我能夠迅速找出需要改進的地方。我的姿勢和動作看起來還不錯，但我注意到有幾個地方必須精簡我的文字敘述。

我的目標是讓自己聽起來準備充分又行雲流水，不會讓人覺得在背誦或是排練過度以至於過於呆板的感覺。我需要激發觀眾對我的信心，此舉既可以幫助客戶團隊做出明智的決策，更重要的是，可以幫助我們公司簽下諾許這個客戶，成為長期的合作對象。

我的改進項目包括：

- **不要使用太多的手勢**。我必須稍微減少手勢，以免分散觀眾對我演說內容的注意力，尤其是在我提出關鍵要點時。
- **句子開頭不要用「所以……」**。我從一張投影片過渡到下一張時，似乎習慣在句子開頭使用這個沒有意義的字。我得練習大聲表達內容，藉此找到更好的過渡方式。
- **表達時勿用「有點兒」（sort of）一詞**。這個冗贅的片語在我七分鐘

的視頻中出現十一次之多！結果我原本應該直接又自信的氣勢，卻因為「有點兒」而顯得猶豫不決。完全刪掉它絕對會大大加分。

- **減少在句子結尾使用「對吧？」** 我這樣做似乎是為了和觀眾有交流並得到對方認可，但這麼做會讓人覺得很煩，而且也沒有必要。

我將「所以……」、「有點兒」和「對吧？」這三個詞寫在便利貼上，打上紅色的叉叉，然後貼在我電腦螢幕上，讓我能在演講前持續看到它。我也提醒最親近的同事注意這些字詞和片語，就連日常一般對話也盡量敬而遠之。

最近，我和諾許的麥特相約見面，請他說說對我規畫的簡報有何看法，我們就約在進行正式簡報的會議室。我善用這次見面的機會，邊看我的筆電邊練習演說，並播放投影片，確定一切都沒問題。我在會議室排練一遍後，決定站著演講。這樣我可以站在前方，接近投影片螢幕的位置，並根據簡報的需要，在會議室走動。

在諾許公司，我還與感官分析師艾比與塞蒙交流，了解他們的問題以及他們預期其他人可能會提出的問題。我與團隊進行了一些額外的腦力激盪，討論可能出現的問題以及其他可能的疑惑。我還要求他們進行角色扮演，練習如何回答問題，並能自在地引導對話。

我整理了演講包，準備進行簡報。

不過在我正式進行簡報之前，得先用一個章節處理一個完全關於你的主題。

大家好
我是……

第 11 章

自我介紹

　　你之前肯定介紹過自己：也許是在求職面試、與友人的同事第一次見面、參加社交活動或是在演講的開場白用短短的幾分鐘介紹自己。

　　你是否曾經停下來思考如何向別人介紹自己？

　　「嗨，我叫柯爾，我用資料說故事。」這句話我在過去十年裡對著世界各地的陌生人說過成千上萬次。其實我個性內向，不認為自己天生是個能自在地站在人群前演講的人。所以能夠公開演說絕非出於偶然，而是透過仔細規畫和練習逐漸形成的。多年來，我利用機會幫助我的團隊和客戶向別人介紹他們自己。我也在這裡和各位分享同樣的方法。

　　從規畫、製作內容到實際發表簡報的過程中，用一整個章節專門討論自我介紹這個主題，而且直到整個過程的後期才出現，這樣的安排可能讓你覺得奇怪。但這是我刻意的。你向他人介紹自己的方式——無論是在舞台上正式介紹還是在日常生活中——都會深刻影響他人對你的看法。這是建立人脈以及良好關係與互動的機會。根據上一章的基礎，能夠流利地介紹自己也會增加你的自信。

接下來的幾頁，我會概述幾個具體做法，讓你有機會運用本書討論的許多策略。你需要拿出行動，按照本章列出的策略，實實在在地練習，所以現在拿出筆和紙（如果你有便利貼更好），準備好開始工作吧。即使你最近沒有重要的會議或演說，你仍然可以積極地應用這些攻略精進技巧，等你需要時就可派上用場。額外好處是：這個過程會幫你完成極具說服力的自我介紹，無論是在演說或其他場合上，都能發揮積極的影響和成效！

從他人的角度出發，規畫你的故事

簡報需要規畫與設計，同樣地，自我介紹的內容也必須花上充分時間加以規畫。至少在商業場合，你鮮少能向觀眾完整地講述自己的人生故事。你應該根據場合、希望達到的目標，選擇分享自我哪些背景、哪些領域的獨特經歷，以及到底要提供多詳盡的細節。雖然你可以從這個過程中學到一些技巧和方法，並在類似的場合中應用它們，但當你需要介紹自我的情況與條件發生顯著改變時，你應該重新檢視和調整這個流程。

在你花時間思考如何介紹自己之前，讓我們先認識你的觀眾：亦即那些會聽你自我介紹的人。

在規畫自我介紹的內容時，一開始我會要求你思考和第一章一樣的問題。你的觀眾是誰？他們的動機是什麼？是什麼會激勵他們行動或不行動？他們關心什麼？有什麼事會攸關他們的利害？你可能會發現，回頭檢視並完成第二章的「核心想法」表單，對你滿有幫助。如果你沒有具體的情境和特定觀眾，仍然可以大致揣摩能讓觀眾感興趣或產生共鳴的事情。

確定關鍵的印象

　　思考一下你在自我介紹時希望對方留下什麼印象？你希望他人如何看待你？如果你向他們介紹自己後，他們會用什麼形容詞形容你？在思考這個問題時，不要把重點放在自我介紹的內容，而是專注於他人對你形成的印象。沉思一下你希望對方看到你展現了哪些特質、特點以及你想要喚起的感覺。你可能還記得在第十章的開頭，我要求你做類似的事情。在這種情況下，我們將更深入地探索你希望展現的特質，以及在自我介紹時，如何積極且深入地展示這些特質。

　　花五分鐘的時間以不同的方式完成以下句子：我希望被描述為 ＿＿＿＿。這將產生一系列形容詞，諸如自信、聰明、熱情等等。這個簡單的練習，花五分鐘就夠了，這樣的安排有其目的，希望鼓勵你超越一開始想到的幾個形容詞，能更深入、更批判性地思考，讓你在向他人介紹自己時，希望有哪些更多的可能性和廣度，以利對方對你留下印象。在這個過程中，參考同義詞詞典可能會有所幫助。

　　一旦列出了清單（如果清單中少於十個形容詞，我建議你再多花一兩分鐘想想），接著該開始對這些形容詞進行排序。從你列出的形容詞中，確定你必須讓觀眾留下哪些主要印象。目標是選擇三至五個彼此不同屬性的詞（如果你有幾個相似的想法，將它們歸為一類，然後選擇最能描述該類別的形容詞或詞組）。牢記這個經過簡化的關鍵特質表，它將有助於接下來要做的事。

透過行動展示這些特質

你如何創造你希望留給對方的印象？透過你敘述的故事。讓我們舉個簡單的例子。不要直接形容自己的特質是誠實，而是講故事給對方聽，比如你小時候看到有個男人走在街上時從口袋掉出一張五美元的鈔票，你拾金不昧，迅速將這掉落的錢物歸原主。在自我介紹時，透過生動地描述自己的經歷，讓別人對你留下深刻的印象。

彙整經歷與故事

現在進行腦力激盪，尋找具體的經歷呈現你想讓對方優先留下的印象。考慮你目前和以前的工作、角色、專案、興趣、教育和經歷。有哪些軼事、故事或其他事證有助於你傳達其中一個或多個特質？是否還有其他方式可以具體呈現你希望留下的印象呢？

我喜歡在這種情況下使用便利貼（或者可用剪成小方塊的空白紙張代替）。在進行這個過程時，我會為想要傳達的每個特點單獨寫在一張便利貼上，然後我會找到一個空間：例如清空辦公桌或坐在一張空桌子旁。有時候，我甚至會坐在辦公室的地板上進行這個活動。我會將寫好每個印象的便利貼選好位置，確定周圍有足夠的空間，然後開始進行腦力激盪。每一個想法會寫在不同顏色的便利貼上，以利區分。這些想法可能是我在自我介紹時要包括的事物，諸如各種經歷、專案、角色、情境、趣聞或故事，它們可以用來支持我希望展示的印象。我將每張獨立的便利貼放在與它最相關的關鍵印象附近（在某些情況下，某個經歷可以說明多個特質，所以我會將其放在不同

的類別之間，或者做一個備註加以說明）。圖11.1顯示這個做法的過程。在本章最後的個案研究，我將詳細介紹這個過程。

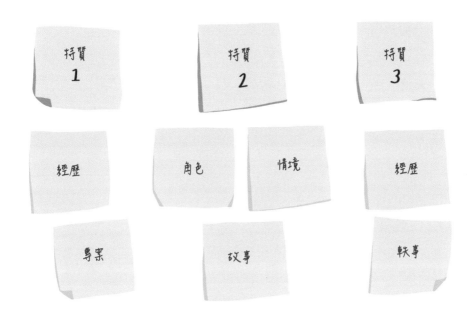

圖11.1 針對自我介紹進行腦力激盪範例

在這個階段不要進行編輯；自由自在地激盪各種想法。首先浮出的想法往往是事實：比如你曾經做過的工作或參與過的專案，這些是不錯的起點，但我鼓勵你更進一步，不要只限於寫在簡歷的內容。在你的生活和職業生涯中，有什麼事情可以讓別人真正洞悉你是誰？確定你可以分享什麼樣的經歷或故事，開頭可以這麼說「我記得有一次……」。至於內容，可參考以下建議：

- **成功故事**：哪些例子可以證明你出色的工作能力？
- **轉折點**：哪些事改變你的視角？
- **困難或挫敗**：是否曾經處理過一些棘手的問題？
- **受到啟發**：是否有過意想不到的學習經驗？
- **克服挑戰**：哪些例子能證明你具備解決問題的能力？

如果你感到困惑，我有一些建議。例如，可與了解你的人談談你希望留下的印象。藉由與他人討論，也許能喚起你的記憶或刺激不錯的想法。如果你在腦力激盪時，想不出自己的關鍵特質，不妨解放自己，不要受到限制與約束。想想職業生涯或生活中出現的關鍵時刻，它們對你傳達了什麼訊息？它們所突出的特質與你優先想留下的印象是否一致？如果不一致，是否代表你忽略了一些重要事情，其實應該加入呢？

暫時不用擔心順序或如何將所有想法組合在一起；我們稍後會處理這個問題。順帶說一句，如果這讓你想起我們在第三章提過的故事板，這就對了，因為兩者有共通性。就像我們之前所做的，一旦你花了時間腦力激盪，接下來該開始編輯和安排你的想法，形成故事的架構。

形成故事

選好位置放置這些腦力激盪想出的內容，以便你能夠清楚看到所有的想法（這就是為什麼我喜歡使用便利貼進行這樣的步驟：易於移動位置）。這些想法該如何整合與連貫？現在開始進行安排。

考慮如何架構**你**的整個故事。

　　你是否有一個強而有力的故事，你希望詳細講述這個故事，以利於你凸顯你希望優先展現的各種特質？或是想結合幾個不同的元素，努力將它們編織成一個連貫的故事，覺得這麼做更合理？我沒有標準答案；完全取決於你演說的場合和個人偏好。

　　確定如何開始與結束你的故事。找出吸引觀眾注意或緊張的點，有助於你保持觀眾對你的關注。找出這個吸引點在整個故事的位置，以及如何和其他元素搭配。先建立一個垃圾堆，剔除不符敘事弧的想法。你可能已經找出七個不同的經歷，可用於說明你希望讓他人留下的三個主要印象。然而，若試著囊括每個經歷，可能會出現不連貫的問題。請確定哪些想法可以言之成理地互搭，並排除不適合的部分。必要時，多準備幾張便利貼以提供更多細節，然後連貫相關想法，確保故事的流暢性。

請按照以下步驟介紹你的公司或產品

　　撰寫自我介紹的步驟也可以輕易地擴及其他領域，例如可用於向陌生的觀眾介紹你所在的產業、任職的公司或生產的商品。

　　以下是幾個通用的步驟：

1. **了解觀眾**：確定他們是誰，以及他們關心什麼。
2. **確定想讓對方記住的關鍵印象**：思考你最想要傳達的特質。
3. **整理資訊**：腦力激盪，想出能夠證明這些特質的例子。
4. **形成故事**：將最突出的想法組合成一個連貫的故事。
5. **進一步提升表現**：大聲練習、尋求回饋意見並施加各種限制條件。

　　此外，不妨考慮上述步驟如何幫助你準備求職時的面試。花些時間想想面試官是誰、確定你希望留下哪些關鍵印象以及整理重要內容。若是求職面試，

你不一定需要形成一個故事，而是在回應面試問題時，謹慎地將腦力激盪想出的經歷和軼事融入其中。

　　你還能將上述步驟應用在哪些領域？

　　這是一個可以變形且反覆修正的過程。你不太可能一次性完成你的故事。你可能會發現初次排列想法後，需要再次移動便利貼的位置、重新評估和增減內容，然後再次重新排列。在你衡量哪條路徑最適合的時候，試著大聲講出自己的想法。透過這種口語方式，你會發現某些排列更容易傳達你的特點，你可以善用這個評估結果進一步完善你的故事。

　　在這一步結束時，你有了一個大致的框架介紹自己，然後這個框架還需要進一步修改，才會更精煉。

勤加練習以求完美

　　現在你已經有了整體故事的大致框架，是時候運用第九章和第十章提到的各種策略。這個練習將幫助你改進你的自我介紹。同時，這個練習也是一個絕佳機會，讓你在非常熟悉的主題——自己——提升你的表達能力！

　　首先，**大聲練習口語表達**。口頭敘述你創建的故事，找出適當的用字。如果覺得這些字詞不錯，可以寫下來。我建議不要死背稿子，而是要明確表達你想要傳遞的要點。然後大聲練習多次，確保用字、片語能正確傳達你的想法，以及確認能流暢連貫想法的連接詞。再者，確定你用來開始和結束的具體用字。請記住，開頭和結尾是你必須表現特別出色的部分。

　　完成以上步驟後，如果你對自我介紹的內容感到滿意，接下來**請徵詢其**

他人的意見。向他們解釋你演說的目標，並要求他們從觀眾的角度提供意見。如果你希望得到關於內容或演說方式等具體的回饋意見，請在開始之前先告知對方。把提供意見的那人想像成你的目標觀眾，開始向他介紹你自己。之後，與對方討論哪些地方你表現得不錯，哪些地方你可能需要改進。對方提供意見時，請勿打斷或反駁，而是耐心傾聽並提問。根據回饋意見做出調整，如果有必要，可以和其他人重複進行這個過程。

錄下自己的表現。反覆觀看和聆聽。觀察整體表現並記下需要改進的地方。現在可以嘗試做些細微的變化，例如如何善用身體語言和手勢？什麼時候可以改變說話的速度、音量或音調，提高溝通的成效以及凸顯你個人的特性？尋找一些低風險的場合進行測試（例如在社交場合認識新朋友時），並根據需要調整與改進表達的內容和方式。

大家好，我的名字是……

要了解自我介紹這門學問，可以收聽播客《storytelling with data》第三十八集《大家好，我的名字是……》（hi, my name is...）。在這一集，我討論了本章提到的各種步驟，還分享了 storytelling with data 公司裡成員的故事以及他們自我介紹的錄音（storytellingwithdata.com/podcast）。

當你完成了充實的自我介紹內容，也大聲練習後，不妨限制自己在不同的時間範圍內完成自我介紹。例如，如果你只有兩分鐘，你會怎樣介紹自己？如果只有三十秒呢？甚至只能用一個句子呢？所以除了完整版本，也要練習這些加了限制的版本。如此一來，你應該有辦法因應任何情況下的自我介紹。

　　儘管我將自我介紹描述為一個順暢又連貫的過程，但你應該根據需要反覆修改。這可能需要你返回前面的步驟，或者重新安排某些內容的位置，例如把前面的內容挪到後半部。總之，目標是讓你的自我介紹能讓他人印象深刻，讓對方對你留下良好的印象。使用能夠實現這一目標的攻略。

　　你已經規畫、製作並大聲練習了自我介紹的內容，可以流暢地談論自己。現在就剩實際登場發表簡報了！

　　實際發表簡報之前，首先把注意力轉向我們一直在進行的個案研究，並分析能應用哪些本章所學到的策略。

自我介紹：TRIX 個案研究

　　儘管我的客戶群已經認識我，但考慮到這個專案的重要性和利害關係，我打算花時間和精力準備一份詳細、完整的自我介紹。我可能會在這個準備過程中學到更多東西，可將所學心得納入簡報。此外，誰知道我正式做簡報時，會議室會不會出現新面孔，所以還是準備一份詳細的自我介紹，以防萬一。我可以在簡報正式開始之前，擷取其中一部分內容，花幾分鐘快速簡介自己。俗話說，寧可謹慎些，也不要遺憾（如果事情真的進展不順利，這份自我介紹也會在我另覓新職時派上用場——哈，開個玩笑！）。

　　我首先要評估觀眾是誰，以及我想要創造的印象。我簡報的對象是諾許的客戶群，他們是一個混合團體。對我而言，最希望產品負責人凡妮莎對我留下深刻印象。她需要對我呈現的訊息以及我個人的能力感到放心，包括相信我針對 TRIX 綜合果豆所提的建議，以便能當場做出決定；我也希望她相信我個人的能力，願意繼續與我們公司合作。此外，我還必須讓部門財務長傑克、TRIX 行銷副總裁萊麗，以及負責客戶滿意度的經理查理留下良好印

象。他們希望看到我確實花了時間了解他們所屬部門的業務以及彼此相互衝突的優先項目，期待我謹慎提出明智的解決方案，供他們參考。

考慮了這個背景與情境，我花五分鐘快速梳理我希望創造的各種印象，整理出以下的清單：**可信、自信、沉著、口才流利、值得信賴、深思熟慮、聰明、有辨識力、注意細節、可靠、積極、興奮、有能力、有經驗、體貼、樂於提供幫助和支持、有合作精神、有洞察力、有智慧、好奇心強、負責任、敏銳、專業、理解他人感受、富同理心。**

接下來，我開始整理清單，去蕪存菁只留下幾個關鍵印象。評估的過程，我注意到有一些相似的形容詞可以歸類到一組（例如可信和值得信賴；聰明、有智慧和敏銳也是同一個類別）。我還發現，我可以藉由簡報時的口語表達和身體語言展現這些特質。例如自信、沉著、口才流利等特質，不須透過軼事或工作經歷加以說明，而是可以直接在正式的簡報中展現出來。這麼一來，上述清單大幅縮短。

我們的最終目標是成功說服諾許，同意與我們建立長期的合作夥伴關係，所以我決定根據這個目標，從留在清單上的關鍵特質中，找出哪些應該被優先考慮。結果我最希望對方認為我是：

- **有合作精神**：我樂於助人、能接納不同的意見、能積極與他人合作。
- **有辨識力**：我具備出色的判斷力、能做出明智的決定、幫助確定正確的路徑。
- **有能力**：我有豐富的經驗、會提出睿智的問題、找出有效可行的解決方案。

哪些例子可以展示上述特質？我拿出便利貼開始寫下一些想法。

　　在腦力激盪的過程中，我發現有些想法可同時展現我個人滿多的特質。因此我將這些特質（寫在藍色的便利貼上）排列成三角形的形狀，這樣我可以更方便地在空間上讓相關的經驗與特質產生交集。我也意識到，在參與TRIX 專案的過程中，有些面向可以直接拿來展示一些想法，亦即可用來有效展示我和 TRIX 未來進一步合作的想法（方式應該是合作的，以及能夠充分運用我出色的判斷力）。十五分鐘後，我列出了以下內容。

圖11.2　針對自我介紹進行腦力激盪

我的腦力激盪出現一個似乎很有用的想法，但它與我想呈現的關鍵特質沒有直接關係。我突然想到：我第一次在 TRIX 綜合果豆零食包裡吃到整顆夏威夷豆。這個想法真的很夠力！當時我正在工作，中間休息了一下，到茶水間找了一包零食。回到座位後，漫不經心地邊嚼邊工作，第一次吃到整顆夏威夷豆時，讓我一改漫不經心，而是整個融入其中。如果我在簡報時能真實呈現這一點，不顯得俗套，這個想法似乎是值得深入探索並可在某種程度上加以善用的點子。我將這個軼事先寫在便利貼上，放在腦力激盪圖的一個角落裡。接著我退後一步，思考該怎麼做。

我該如何把這些想法串聯在一起？是時候該重新安排便利貼的位置。我把描述特質的藍色便利貼放到一邊，畢竟它們已完成任務，可功成身退。現在我希望透過口頭敘述確保我能準確傳達這些印象。我花了幾分鐘的時間卸下、貼上和添加新的便利貼，按照故事的情節發展，形成一個溫和起伏的排列（一旦我考慮到所有想法，這個排列很快就成形）。在圖 11.3，黃色便利貼直接出自我最初的腦力激盪，橙色便利貼是我在形成故事時添加的。

我將用夏威夷豆的軼事作為開場。然後我將時間快轉到今天，說明我在 TRIX 這個專案的角色。如果我和客戶團隊的關係與經驗不是今天這樣，例如若是首次見面，我會用過去的專案來說明我想要傳達的想法。不過考慮到可以藉由我們在 TRIX 這個專案的表現來展現特質與能力，這似乎是更好的做法：因為更有相關性與說服力。

為了凸顯故事的緊張情節，引起觀眾的興趣與共鳴，我將在故事中引用無效的管理諮詢——客戶關係，借鑑我在職業生涯初期的第一手經驗。那段時間經歷了諸多困難與挑戰（但也有很多學習的機會）；我將能夠清晰地表達，讓觀眾了解我的背景和經驗。接著，我將轉向談論著重深度分析的外部諮詢服務、從中學到的寶貴能力，以及我在目前公司的多年經驗。然後，我

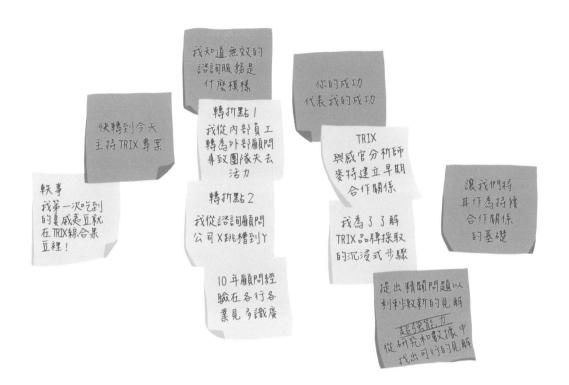

圖11.3　以故事介紹自己

將轉而談論我如何在與諾許團隊合作期間，融入我工作累積的見解，以及我為了充分理解和欣賞 TRIX 品牌及其歷史所做的工作。我認為有機會在過程中提及關於諾許產品的一些特殊發現，而我將會在稍後正式的簡報中深入分析，除了引起觀眾的興趣（也凸顯我們團隊有能力從研究和數據分析中找出可行的關鍵訊息）。最後在結尾時，我承認主持這個專案非常興奮與開心，並強調非常希望能與諾許繼續合作。

　　確定了整體故事架構，是時候該開始口頭敘述。我根據圖11.3的故事板，

大聲練習數次介紹自己，直到覺得練得不錯，就請同事亞莉克絲幫忙，對著她進行一次模擬演練，並徵求她的回饋意見。亞莉克絲對 TRIX 這個專案（你可能還記得她是我出色的攝影師）以及我這個人都非常熟悉，因此絕對有資格提供我寶貴的意見。

在故事的結構方面，亞莉克絲建議先說說我們稍早對 TRIX 提出的有趣問題，並利用這些問題帶出我與諾許團隊合作的契機，以及深入理解 TRIX 這個品牌所做的努力。她這個想法很有吸引力，我決定嘗試一下。她還指出我已知的毛病：習慣用「所以⋯⋯」這個填充詞。所以我錄製自我介紹時，牢記了這些建議。我開心地發現，回頭觀看視頻時，我不僅沒有使用任何不必要的贅字，而且相較於之前的錄影，我更有效率地使用手勢。

即使我可能在對諾許團隊簡報時不會完整地使用這個自我介紹，但這個練習非常寶貴，它讓我注意到自己從這個專案獲得的重要經歷與工作方式，這些都是我日後希望融入到演說或簡報的面向。我將這些經歷牢記在心，並勤加練習，熟悉一些敘述文字，能夠流暢地談論它們。我深信自己能夠在討論交流和回答問題時，自如地將這些想法融入對話。這麼一來，也能提高整體演說或簡報的成效與影響力。

此外，如果會議室裡出現一個新面孔，我可以從容地做個簡短的自我介紹：「你好，我是柯爾。對於我團隊具備的超強能力，我慣用的說法是——能從研究和數據中找出可行的見解，幫助像 TRIX 這樣的品牌發光發熱。」

想像一下，如果你剛剛加入這個專案，你會如何介紹自己？

（別花太多時間，簡報會議即將開始！）

第 12 章

簡報成功

　　重要的日子愈來愈近：重要的會議或演講即將登場！

　　現在是回顧所有步驟與策略的絕佳時刻。一切工作始於規畫：了解你的觀眾，精心構思你的訊息，整理碎片化的資料，然後將它們織成一個故事。接著是設計演說的內容：首先設定風格和結構，然後填入具體細節，善用文字、圖表和圖像為投影片加分。正式發表演說前，你做了周全準備，包括在練習的過程中，反覆精進內容和口頭敘述時的遣詞用字，建立自信與台風，並學會自我介紹這門藝術。

　　我們投入大量精力協助你做好萬全準備。現在，你已準備就緒。寫到這裡，我還想再分享一些建議：在演說登場的前幾天，以及在演說進行時、進行前和結束後可使用的策略。最重要的是，我鼓勵你全心全意地投入，享受整個過程。你付出巨大的努力，現在一切的辛勤耕耘將得到回報了。

　　該是吸引觀眾並鼓勵觀眾採取行動的時候。

最後準備：距離簡報僅剩幾天

當你第一次開始思考該怎麼進行這個專案時，可能距離你正式簡報還有幾個月或幾周。也許你在還剩不算短的時間內，每天一點一點地前進，或者你一直處於時間不夠的高強度工作狀態，設法盡快完成所有事情。無論你之前花了多少時間準備：現在都到了最後階段，距離你正式簡報只剩幾天（甚至幾個小時！）。

設想成功的模樣

想像一下你開會或簡報的主要目標：你希望實現什麼具體成果？從幾個角度思考何謂成功。首先，考慮你對觀眾的期望：你希望他們有什麼感受？你期望會發生什麼？他們應該採取什麼行動？

請注意，即使大家的反應與你的期待相左，不一定代表你簡報失敗。也許聽了你傳達的訊息或有深度的討論之後，觀眾覺得另一種行動方案才是必要與合理的。即使觀眾沒有採取你期望的行動，這仍然是不錯的結果。

同時也要從你個人的角度思考何謂成功。在開會或簡報之前、期間和之後，你希望經歷什麼？根據你在練習和準備過程中所學的一切，你是否希望積極地完成或避免一些事情？

寫下你希望實現哪些目標。在你完成演說或簡報後，我將請你回頭評估這些目標。特別是你個人對成功的公開演說有何期待：你在會議室、舞台上以及其他演講場合，如何評量自己的表現，其實會隨著時間推移而改變。你應該準備一本日記本，專門用來記錄你成為一個講故事高手的歷程，第一手觀察自己的成長與進步，目睹自己說故事的本領愈來愈出色。

現在你已經針對本身的想法與經歷做了深入的思考與檢討，接下來不妨加入其他人。

不要單打獨鬥

你也許是簡報的部分或全權負責人，但不代表你必須一個人單打獨鬥。思考一下能獲得哪些人的協助，以及該如何獲得他人的支持。可參考多種形式，我將列舉一些例子：

- **觀眾席中安排一個熟悉的臉孔**。請一個朋友或者你的另一半參加你的主題演講，並且安排他們坐在你能看到的位置。邀請你的上司參加你的重要會議。若是虛擬會議，邀請一個支持你的同事加入會議，並且調整你的電腦螢幕，讓你能清楚看見他們。一個友善的面孔對你微笑或微微點頭，這個溫暖而積極的回饋對於演講非常有幫助。

- **確認誰是你的支持者**。提前與重要的利害相關人士個別會晤。這麼一來，你會提前知道演講時誰會支持你。另外，如果發現有人不支持你，與他們會面時，有助於你進一步了解他們為何反對，並提前想辦法解決。若是在大型會議發表演說，可在演說開始前和與會者互動交流。

- **邀請一個共同演講人或助手一起合作**。安排一個人擔任你當天簡報或演說的搭檔。他可以是問答環節的主持人，正式的共同演講人（負責一部分演說），或是在你事先安排下，負責提問抑或與你一起討論特定主題的人。若是在虛擬環境，尤其是如果參與者可以彼此互動，你往往得請一位同事充當助手，協助管理聊天室功能，並及時回答出現在聊天室的問題。

- **安排某人提供你回饋**。確定有個與會者可提供你後續的意見（這個人可以是你之前選定扮演上述任何一個角色的人）。事先告訴他們你的具體目標。簡單地要求他們評估你的表現就足以爭取他們的支持，在你演說時力挺你。

虛擬情境：擺一張能激勵你的親友照

　　有時候在虛擬會議，即使你知道與會者當中有人支持你，但不易確定他們是誰，因為要嘛秀在螢幕上的臉太小，要嘛根本看不到你的觀眾。替代做法是，在你可見的範圍內，放一張特別的照片，例如你的孩子、父母、伴侶或朋友的照片，都是你想讓他們以你為傲的人。這個做法可以提醒你，你正在與人交流，而不只是對著電腦螢幕說話。同時，這張照片也可以替你加油打氣，幫助你在演說時保持積極的心態。

演說前夕……

　　距離重要演說僅剩二十四小時，早在此之前，你已開始準備，希望自己的演說成功而出色。儘管前期準備工作周延，但到了最後一天，特別是演講前夕，還是有些事可以做，若做得好，將對你的演說產生積極影響。

　　演說前夕，盡一切努力睡好睡飽。我建議早點吃晚餐，遠離糖分、咖啡因和酒精。在睡前二到三小時進食可以大幅改善睡眠品質。若吃得太晚，意味消化器官和代謝食物的肌肉必須繼續工作，無法休息。這會對你入睡品質產生負面影響，並阻礙你所需的深度睡眠，影響所及，隔天醒來恐怕無法神清氣爽。

　　在晚餐後睡覺前，可花些時間複習隔天要演說的內容。在重要的演說前，我習慣在睡前再看一次投影片。我會在筆電上一一瀏覽，確保我清楚掌握投影片的順序和簡報流程。我還會檢查自己的筆記：提醒自己避免使用沒意義的填充詞。我個人認為（並且有一些研究可以支持這個觀點），在睡前複習重要內容有助於在入睡時將它們從短期記憶移到長期記憶庫。

這時不該再編修演說內容！我明白有時候這是難免的：畢竟你沒有百分之百充分的時間完成所有作業，多半只能趕著完成投影片。即使如此（尤其是你的素材已足夠充分），你還是應該盡量少花些時間在內容上。應把登場前的時間專注於自己──確保你有足夠的體力完成精彩的演說，而不是持續微調投影片。

今晚早點上床睡覺。設好鬧鐘，確保明天登場前你有充裕的時間，因為我還會建議你在演說前利用幾分鐘時間做些事。說到時間，明天請戴上手錶，你會需要它！

戴上手錶

演講前和演講時得時時注意時間，這點非常重要。除非你確定可輕易看到一面時鐘，否則我強烈建議你戴上手錶。快速瞄一下手錶，這麼做不太會引人注目。不要依賴手機查看時間，以免無意間讓人有一種感覺──你看重短訊或郵件的程度甚於你的觀眾！

深呼吸吧，即將開始！

到了演講當天，我有個重要建議：提早抵達現場。讓自己有額外的時間彈性處理其他事情，確保一切順利進行。

提早抵達

如果你能夠提前進入會場，請務必這樣做。架好你的設備，評估是否還

有其他事情需要處理。我曾經改變過會場的布局——挪開講台，或者調整桌椅的位置，以利促進討論與交流。

雖然我不喜歡使用講台，但我確實需要一個地方放置我的水杯、咖啡或茶以及筆電，因此我得找出放置的適當位置。附帶一提，我個人偏好早上喝咖啡下午喝茶，而且一定隨身攜帶水。若是在會議室簡報，我會自己攜帶飲料，將它們放在我方便攜著的地方。若是在舞台上發表演說，有時候可以把它們放在講台的檯面上。若是多位演講人的活動，主辦單位通常會在台上提供瓶裝水。

簡報前吃些東西——但別吃太多！

為了保持充沛體力，建議你在演講前一到兩小時吃些清淡的東西。一如在睡前與晚餐之間預留一些時間，你也得在演講與進食之間預留時間，這樣你比較容易專注於演講，盡情發揮。

根據演講的長度，你可能需要在演講期間吃些東西。至於較短的演講，這可能沒必要（為了保持專業性，我建議能免則免）。若是較長的演說，例如半天的團隊活動（多半在公司之外的地點舉行）或一整天的培訓，為了保持體力，你應該進食，但不要吃太多！吃太多或太油膩會讓你昏昏欲睡。我還發現，若是一整天的培訓工作坊，即使只是吃了一頓簡單的午餐，下午的演說中氣難以十足，講話容易喘，這是因為身體部分能量用於消化食物。為了對抗這個問題，我調整了下午的內容，先進行小組討論，替我的身體爭取額外時間，等恢復正常狀態，再火力全開全力以赴。

如果之前沒有機會視察會場，那麼當天提早到了會場後，先在會場四處走動，確定自己站立的位置，並安排演說時移動的動線。理想的情況下，你

應該已經在指定的會場裡操作過投影片。如果之前沒有機會這麼做，現在盡快利用一下（若與會的觀眾已經到場，我建議跳過這個步驟，以免意外引發過早的討論）。

　　如果有個移動式白板或翻頁板，可讓你在上面畫圖，把它移動到你想要的位置。若我打算站在會議室前方簡報（當觀眾多半面向前方），加上空間允許的話，我傾向把白板放在會議室的側邊。如果觀眾圍坐在大會議桌旁，我會將白板放在會議室後面或者盡可能減少觀眾需要轉身才能看到它。這樣的安排提醒我得不時地移動，站在會議室不同的位置發表簡報或是帶領大家討論要點。同時，利用早到的機會測試麥克筆，淘汰可能在強調重點或是繪圖說明時不靈光的筆。

　　理想情況下，這一切的最後準備工作都應該在觀眾到達前完成。一旦與會者開始走進會場，不妨與他們交談。這是一個絕佳的機會。如果你已經認識其中一些人，與這些熟面孔互動有助於你平靜緊張的心情，說不定還能提供你一些有價值的素材，讓你在演說或簡報中現學現賣。此外，向那些你不熟悉的人介紹自己。如果情況允許，努力記住或寫下他們的名字（在演說過程中提及他們的名字是拉近雙方關係的一個極佳方式）。利用這個非正式的時間和與會者互動交流，爭取他們的支持，拉攏他們成為你的支持者。

提前播種，結出你要的果

　　如果你期望與會者做某些事，不妨利用開場前的時間，提前告知他們。這可能包括你希望有人主動回答問題，對你提出的見解即時表達支持，為某個主題做好準備，或是以其他方式與你互動等等。提前讓觀眾有所準備，可以讓你避免尷尬的停頓或是出現讓人意外的回應。

花一分鐘靜心

在演說正式開始之前，靜下心來片刻。在正式的演講場合，你可能有專用的空間讓你靜心：例如後台或休息室。如果沒有，不妨找一個私密的空間。我常會四處逛逛，找一間空的會議室或辦公室。如果實在找不到可用空間，至少還有洗手間，可幫你找回內心的安定。

每個人靜心的方式因人而異，我鼓勵你建立適合自己的儀式。如果你不確定該如何做，以下是一些建議。

- **擺出一個有力的姿勢**。雙手放在臀部，抬頭挺胸面帶微笑。如果你有足夠的空間，把手臂向後伸直，做出類似超人飛的姿勢。是的，這聽起來很滑稽。是的，我曾在某個重要活動，即將上台發表演說前，在廁所裡這樣做過。
- **深呼吸**。用鼻子深深吸氣，放鬆肩膀，緩慢地用嘴巴吐氣，略微收緊雙唇（可聽得見一些吐氣聲），注意放鬆下顎。重複數次。
- **換個角度看事情**。看著你家人、寵物或其他能讓你開心的照片。用它提醒自己，這個單一事件不會決定你的成敗，生活中還有其他更重要的事情。

好好享受吧──準備登場！

征服眾人的精彩簡報或會議

你已非常熟稔簡報的內容。你在第九、十和十一章所做的練習，已讓你深入掌握在實際演說時要說和要做的諸多具體細節。實際演說時，你的任務

是放鬆心情，不需要刻意思考這些細節，因為它們已內化到你的大腦和肌肉記憶裡。只需專注於拿出最好表現，與觀眾建立連結，並從容優雅地因應各種情況。

專注當下

努力完全專注在當下，亦即克制自己急於立刻進入正題的衝動。花點時間注意自己所在的位置和周圍的人。深呼吸。保持微笑。

你清楚知道要如何開始，因為你已事先規畫並反覆練習。演講期間，繼續觀察，這可能代表有時要暫停一下演講的進程，例如詢問觀眾意見、和觀眾互動與討論，或是快速做個筆記（如果時機適當不會打斷你的演說），以免忘記。

你被緊張情緒控制了嗎？暫停並重新調整

我向你保證，你事前完善規畫的開場白會幫助你克服緊張情緒。然而，如果事與願違，也不要緊張。如果你發現自己講太快、呼吸困難、聲音顫抖，不妨停下來。暫停一下，喝口水，深呼吸重新調整。是的，在眾人面前這樣做有點尷尬，但與其在緊張的狀態下繼續進行，不如花點時間調整自己，讓演說維持一流水準。前者會讓每個人感到不舒服，後者則顯示你和一般人沒兩樣，甚至可能讓觀眾更欣賞你的沉著與冷靜（一旦你恢復了冷靜）。

如果你對演說的開始和結尾設了時間，你還需要注意時間。在某些情況下，你可能會依賴在練習時設好的時間表，藉此評估演說的進度，了解自己是否需要即時調整。在其他情況下，你只須掌握不同段落花了多少時間，並

相應地調整速度與進程。遵守你事前規畫好的時間表，確保在規定時間內完成演說，此舉代表你對觀眾的尊重。

你現在一定對我建議你戴上手錶感到高興吧？

留意時間的同時，你也應該關注觀眾，觀察他們的反應是了解演說成效的好方法。沉著地回應你所見，可以確保事情順利進展。

觀察並調整

簡報時，牢記自己是與觀眾交談，而不是與投影片對話，所以與觀眾的眼神接觸很重要。當你對演說內容瞭若指掌，你可以更頻繁地和觀眾進行眼神接觸，更容易觀察到來自觀眾的暗示並採取相應行動。

演說時看著觀眾，你看到了什麼？

微笑和點頭是積極的訊號，很可能代表你所說的內容和表達的方式都不錯。但是若觀眾皺著眉頭、緊抿嘴唇呢？有時候，我們在接受訊息時確實會有這樣的表情，但這也可能代表觀眾對你說的某些內容感到困惑或持不同意見。在某些情況下，不妨停頓一下，深入探討這現象。例如可以直接提問（「克里斯，我看到你臉上有困惑的表情：你有什麼問題嗎？」）或者對著全體觀眾說：「我覺得大家對某個問題似乎有不同的意見，有誰可以助我一臂之力幫我理解問題的根源呢？」

燈光太亮以致看不見觀眾

　　有時候你在台上演講，燈光直接打在你臉上，讓你根本看不到觀眾的反應，這是一個挑戰。在某些情況下，你仍然可以看到坐在前排的人，把他們的反應視為線索，評估演說的進展，但同時要繼續看向其他觀眾，否則其他人會覺得被忽視。如果燈光強到你完全看不到任何人的表情，可以想像自己在進行虛擬演說。當這種情況發生時，我主張你不妨想像觀眾對你微笑、點頭、喜歡你的演講，反正你看不到觀眾的負面反應，所以不妨利用這個機會給自己心理建設，增強演說的自信心！

　　當你積極觀察觀眾的反應時，有時你可以捕捉到觀眾態度轉變的關鍵時刻：大家普遍較為輕鬆自在（這是好事），或者變得拘謹（通常不是件好事，但仍然是個有用的訊號）。思考如何利用這些訊息。若得到較少積極的回應時，你是否應該採取什麼行動，是否要改變某些做法以免情況變得更糟，還是繼續往前推進，希望到了後面能改變他們的態度？往好處想，如果大家剛開始對你產生好感或信任感，這好感是否足夠支持你完成接下來的演說？或者你會倚賴促成這種好感的行動或文字，進一步贏得支持？

　　說到身體前傾或後傾：這是另一種觀察觀眾的方式。正如我們在第十章提到的，身體向前傾表示感興趣（除非他將手有力地放在桌上或伸出一根手指──通常這姿態表示他想說些什麼！）。向後傾則是自信的標誌，不過你需要仔細觀察，因為它也可能顯示不喜歡或抱持負面態度（這是一種潛意識反應；我們會本能地後傾，遠離不愉快的事物），或是可能代表漠不關心。

　　另一個代表漠不關心或不感興趣的跡象是觀眾的注意力明顯轉向其他事物。當有人開始翻看面前的文件，打開筆電開始打字，或者滑手機，這些都

在告訴你，你的演說已經吸引不了他們。他們的行動清楚地向你傳達訊息。當你觀察到這種現象時，你必須決定是否要對此採取行動。這顯然取決於當時的情況和對方的身分。例如在一個重要的演說場合，若有幾個人表現出不感興趣，或是有一個你希望拉攏的重要利害關係人不感興趣，你對這兩種情況的因應行動（或不行動）將有所不同。

這就是我建議你站著演講的原因之一。站著演講可以提供一些有效的撤步。針對那些不感興趣的利害關係人，不妨走到他們的位子附近，並繼續站在那裡演說，有時這可以讓他們闔上筆電或放下手機。當一個人知道講者靠近他，並且所有的目光都朝向他那個方向時，他可能會不好意思將注意力放在其他事情上。

講台上一些令人討厭或不受歡迎的行為與習慣

我通常偏好用正面積極的例子教導大家，亦即分享有助於改進或提高演說成效的做法，不過分享一些「失色」或減分的做法也能提供大家一些見解。你希望與觀眾建立連結，不樂見潛在的干擾影響你和觀眾的交流。以下是我個人作為一個講者一些讓人討厭的做法。

以下的地雷勿踩……

- 開場的第一句話是「你們能聽到我的聲音嗎？」提前解決這個問題。
- 確定麥克風的確沒有問題……但你操作不順。避免使用麥克風時出現爆裂聲，但觀眾確實希望聽到你清晰的聲音。所以使用手持麥克風時，應該靠近它但勿觸碰嘴唇。開始演說之前，務必測試並調整免提式麥克風，確保它們不會摩擦到衣物或頭髮，以免發出擾人的噪音。

- **站在講台後面。**不要讓一個實體障礙物阻隔你和其他人！從講台後走出來（或提前重新安排講台位子，清除你和觀眾之間的障礙物）。不要讓任何東西擋住你的面孔。確保大家可清楚看見你，與你建立連結和互動。

- **不尊重觀眾。**這會有多種形式：例如引用冷僻的術語或晦澀的例子，只有少部分與會者知道或聯想得到；把眾所周知的事情當作新奇的事情告訴觀眾。身為講者，要注意你所說或所做的事，否則可能被觀眾解讀為你不了解他們。

- **引起大家關注技術障礙。**如果技術障礙不明顯，你現在卻點出來讓大家知道；或是問題原本就很明顯，大家早已發現。不論哪一種，都沒有必要特別強調，引起大家關注。

- **在演講時低頭看備註。**此舉會讓你無法與觀眾建立連結！也會降低你的可信度，因為這讓人覺得你不夠熟悉內容。偶爾查看筆記或備註沒有任何問題（藉此提醒自己某個參考資料或是引用一段話），但是一般情況下應避免看著備註或投影片，照本宣科地念出內容。

- **貶低自我的評論。**觀眾希望對你有信心。如果你欠缺自信，這會讓他們感到困惑。

- **結尾使用「這就是全部」或「我今天就對各位講到這裡」。**正如第九章所言，你應該規畫一個強大的結尾，強調重要的觀點，讓觀眾感到振奮，準備採取行動。

如果你觀察到不少與會者興趣缺缺，不再聚精會神，你可以採取其他行動。利用你的聲音（或者不出聲）。如果你還持續說個不停……

請打住，暫停一下好嗎？

一改喋喋不休，變成沉默不語，這招能有效吸引觀眾的注意力。此外，不妨善用第十章討論的聽覺對比手段：放慢語速、加快語速、大聲強調某個觀點等等，都能有效吸引觀眾的注意力。或是做出誇張手勢。甚至走入觀眾席，與觀眾近距離接觸！

與觀眾連結

好吧，也許不必跑進觀眾席。儘管我以前確實做過類似的事情：在一個大型會議發表演說時，我走下舞台，進入人群。此舉並非為了鼓勵觀眾參與，他們已經非常關注演說。而是我一直努力營造熱絡氣氛，希望能和場內每個人分享關鍵的精彩時刻。走入觀眾席打破了我們之間的無形隔閡，我可以看到每個人的表情、與他們交換眼神、近距離交流。

我走進觀眾所在的位置，成功讓他們融入我的演說。另一種與觀眾建立交流的方式是直接邀請他們與你互動。這可以透過多種方式實現，取決於你演說的場合與情境。例如，你可以透過即時回答觀眾提出的問題；或是演說到一半換成討論。在人多的演說場合，鼓勵觀眾大聲且簡短回答問題，或者安排一個人遞麥克風給觀眾，放大他們說話的音量。此外，你可以舉行互動投票（interactive polls）。若是線上演說，可邀請與會者進入聊天室分享想法。總之，想方設法讓觀眾有參與感，他們才會更投入和專注。如果演說需要與會者做出決策，與會者也會更樂意支持講者所提的建議。

如果有人提出一個主題或問題，而你知道應該將這問題轉交給在場的其他人士回答，首先肯定提問者，道：「這是一個很好的問題。莎拉！（或布萊恩！）我會馬上把這問題轉給你，請你說說你的看法。不過這麼做之前，我會先分享一下我自己直接的反應。」若是線上演說，這種做法特別有效，因為布萊恩可能被電子郵件分散了注意力，透過點名他，並提醒他很快會把

這問題轉交給他回答，可以重新拉回他的注意力，並給他一些時間整理自己的思緒。

上述場景係較親密或私密的環境，亦即你認識與會者，但稍做變化也適用於其他場景。例如在一個培訓工作坊，有人提出一個問題，我希望利用這個問題刺激更多互動。我可以這樣回應：「很好的觀點，我想聽聽大家的經驗。首先，我會分享一個我直接想到的例子。」這提供大家時間思考自己是否有可貢獻的觀點，並鼓勵他們勇於發言。此外，如果我想給自己一些思考的時間，我可以改變做法，道：「這是一個很好的問題。在我分享自己的想法之前，我想徵求大家的看法——其他人有什麼想法嗎？」

回答問題

我提到自己有時在回答問題時會使用一種策略。此外，我也經常把一些離題的問題轉個方向。例如：「這是一個有趣的思考。關於這個主題，大家經常問的問題是……」這種方式並非次次適用，但它是你在處理離題或奇怪的提問時，保持秩序的一個技巧。如果你想了解更多有關如何回應 Q & A，以及如何流暢地回應一般性問題，可參考 storytelling with data podcast（storytellingwithdata.com/podcast）的第四十六集，標題是「回答問題的技巧」（questions about questions）。

優雅地因應意外狀況

我在開會、培訓工作坊授課以及演說時，多次見證了何謂墨菲定律：如果有什麼壞事會出現，它必定就會出現。雖然這可能聽起來頗為悲觀，但我

並不這麼看。我欣賞突發事件，認為它們反而幫助我關注當下、保持警覺，還學到一些東西。

意外發生時，雖然內心慌亂不安，還得努力思考如何因應，但是當你向他人展示冷靜沉著的一面，魔法就會出現（儘管麻煩還在）。此外，如果你看起來鎮定自若，自己也會開始鎮定自若。深呼吸，然後思考可行的行動方案。以下是我多年來使用的一些策略：

- **面帶微笑，接受它，並繼續前進**。我曾經在舞台上絆到一根電線。上一刻，我還邊走邊演講；下一刻，我已摔得趴在地上，手持式麥克風在舞台上發出巨大撞擊聲。這下該怎麼辦？！我花了一分鐘試圖恢復鎮定（內心不可能保持鎮定，但我刻意擺出堅強的面孔），站起身，一個善心人替我撿起麥克風然後遞給了我。我停頓了一下，深吸一口氣，對觀眾露出微笑，自嘲地說道：「你們剛剛見證了我一百分的優雅。」然後，我從中斷的地方繼續發表演講（這也是我現在會在演講包放入藍色膠帶的主要原因——這下高跟鞋不會被牢牢黏住的電線絆倒！）。
- **尋求幫助**。在一次重要的會議進行到一半時，我的電腦當機了，無法重新啟動。所幸我一位同事也在場，於是我借用他的電腦，並請他負責帶領一個即興討論，同一時間我則下載投影片到他的電腦（幸好我把它們存在雲端），準備就緒後，再繼續演說。
- **調整計畫**。我之前提到一個狀況，當時我已準備開始一個培訓工作坊的演講，可是投影機卻無法正常運作。幾個人嘗試幫忙，都沒成功。影音視頻技術人員顯然是唯一知道如何解決問題的人，卻無法及時出現，所以顯然我必須在沒有投影片輔助的情況下發表演說。這凸顯了

提前到達會場的另一個好處。在演說正式開始前的幾分鐘，我能夠重新組織演說內容，從一個不太依賴投影片的主題開始，並在需要視覺輔助的時候利用白板繪圖。當技術人員終於出現時，我們暫停片刻，準備好投影片之後，繼續剩下的演說。

- **臨場反應**。在另一個場合，我替一個百人團體主持團建活動。我透過電子郵件發送一份多頁的講義給工作人員，講義內容包括實作練習，請他們提前完成列印供團建活動使用。活動當天，這些講義卻被遺忘在六十英里外的辦公室。我派一個工作人員拿著儲存在隨身碟的講義去附近的影印店，另一個幹部去找空白紙發給與會者，我則動手製作投影片，帶領學員進行實作練習，直到印好的講義抵達為止。

- **提供另一個解決方案**。在一次線上培訓課程，我們遇到了技術問題，導致一些參與者直到課程進行一半了才能加入。為了彌補這個問題，我們讓他們免費參加未來一個課程，並提供這次培訓課的視頻，讓他們可以複習錯過的內容。

- **重新安排時間**。有時候一些狀況會導致演說無法按原計畫進行。我們無法掌控或及時修正一切意外，例如重要的利害關係人無法與會、視訊會議的應用程式無故中斷無法正常運作、停電等等。若出現這些極端情況，重新安排演說時間可能是最好的選擇。

意外發生時，不要讓它占據我們的思緒，也試著不要讓這些情況影響你剩下的演說。

意外形形色色，不一而足。我已經分享一些自己親身經歷的軼事，但還有一些情況打亂你的預期與計畫。例如，你計畫在主題演講開始時先自我介紹，但是遞麥克風給你的人原本只需宣布你的名字，結果卻**越俎代庖**完整介

紹了你的背景。理想情況下，你會事先知道是否會出現這種情況，若事與願違，你當下得立即決定如何因應。你可以完全跳過自我介紹，直接進入正題。或者多說一句話，讓剛剛的意外顯得言之成理又順理成章，例如你可以說：「剛剛的概述畫龍點睛，現在我還想對你們多講一些關於自己的背景，只是會用不同方式……」（然後開始按照你原來的規畫講述你的故事）。

還有一個稍稍不如預期的個案。有一次我正準備發表主題演講，就在我上台之前，主辦單位要求與會者拿出手機，掃描投射在螢幕上的 QR code 並完成簡短的調查。唉呀！我最不樂見的事就是演說一開始，每個人都看著手機，無法專心聽我講話。所以我必須迅速因應，想辦法重新吸引他們的注意力。我走上舞台，站在正中央，一語不發地看著觀眾，面帶微笑，這可能是一段尷尬的幾分鐘，但發揮了作用。大家收起手機，目光聚焦在我身上。當我按照計畫有力而流暢地開始演說，他們全神貫注地聽著。

上述或類似的情況可能會讓人不安。光是讀到這些情況或想到自己的演講可能出現出人意表的意外轉折，就會讓你心生不安、緊張等負面情緒。我喜歡將這種感覺稱為「有益的不安」。如果你能在稍稍的不安中找到自在，就能以優雅從容的方式因應任何意外（或者至少大部分的意外狀況）。

以積極的態度擁抱意外。演說時若出現意外，正是對演說產生深刻影響的時刻。

反思的時刻──讓下一次更好！

你已做到了專注於當下，觀察觀眾的反應並靈活調整，與觀眾建立連結，以及優雅因應意外狀況。你順利完成你的演說！

你已完成辛苦的部分，但還不到結束的時候。成為一位優秀的講者是一

個不斷精進的過程，沒有終點。每一次演說都是機會，讓你可以嘗試新策略、學習新技巧，並不斷精進提升。

　　演講結束後，你須花些時間反思。你事先設定的目標實現了嗎？回顧你預先為自己設定的目標，你成功了嗎？你從中學到或精進了什麼可以應用到下一次的演說？聯繫你選定的人士，徵詢他們對演說的意見和建議。觀察這次的演說是否改變你的觀點和目標。根據這次的經驗與回饋意見，制定你下一次的演說計畫。然後再來一次！

　　當你思考下一次的演說時，讓我們最後再回顧一下貫穿本書的個案研究。

祝你的演說成功：TRIX 個案研究

　　為了向諾許公司的客戶團隊發表演說，我循序完成了規畫、製作內容、演說等工作。這個充滿挑戰的旅程，所幸一路上有各位相伴。當我寫下這些文字的時候，我已完成了演說。花了數月的時間分析，接著是數周的準備，這一切心血濃縮在短短的一個小時，而這關鍵的一小時就這麼咻地飛逝。

　　演說成效如何？我讓你自己判斷。你可以在 storytellingwithyou.com/finale 觀看視頻。你也可以在接下來的附錄瀏覽我製作的投影片。

　　若你正在規畫、製作內容和準備演說，我給你的最後建議（暫定）是：努力且不斷地精進和提升。祝福你下一次的演說成功！

謝 辭

這本書的**基本故事輪廓**

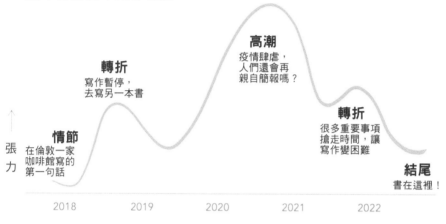

轉折
寫作暫停，
去寫另一本書

高潮
疫情肆虐，
人們還會再
親自簡報嗎？

轉折
很多重要事項
搶走時間，讓
寫作變困難

情節
在倫敦一家
咖啡館寫的
第一句話

結尾
書在這裡！

張力 ↑

2018　　2019　　2020　　2021　　2022

我要感謝的人

我的家人
Randy、Avery、Dorian 和 Eloise：感謝你們每天的激勵，給予我堅定不移的支持；我愛你們

SWD團隊
Jody Riendeau、Elizabeth Ricks、Alex Velez、Mike Cisneros、Amy Esselman、Simon Rowe 和 Katelyn Tans：感謝你們每一位和整個出色的團隊；我從你們那裡學到很多

我的編輯
Marika Rohn：很會使用逗號，也是我一位超級好朋友

飛行設計
Ariana Wolf、Matt Meikle、Catherine Madden 和 Eliza Ausiello：感謝你們的畫技和和耐心

也感謝其他方式協助成書與支持我事業和家庭的人：Kim Scheffler, Michelle Elsner, Bill Falloon, Purvi Patel, Samantha Enders, Samantha Wu, Jean-Karl Martin, Amy Laudicano, Bec Sandercock, Steveen Kyritz, Heather Jones. Shannon Vargo, Michael Friedberg, Rhea Siegel, Martha Gallant, Missy Garnett, Steve Csipke, Colleen Kubiak, Jennifer Rash, Brandy Blake, Dipankar Pradhan, James Savage, Lee Prout, Yi Zheng, Theresa Enea, Diana Halenz, Boris Desancic, Maureen O'Leary, Betty Tapia, Yolimel Roa Caceres, and Olesya Banakh。

完整的TRIX投影片

誠如你所預期，以下的投影片無法獨立存在或作業。它們的主要功能是支持我的簡報與演講。由於這些投影片是以靜態的方式呈現，同時為了避免內容重複，我省略了一些中間的動態設計和投影片（我也沒有提供附錄部分）。

請參考 storytellingwithyou.com/finale 觀看從規畫、製作內容到發表演說的完整進展，以及最後我想要的表現成果。

圖表 A1

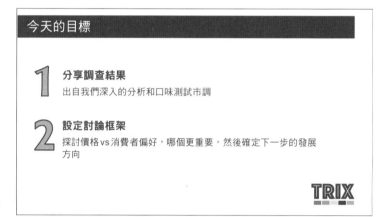

圖表 A2

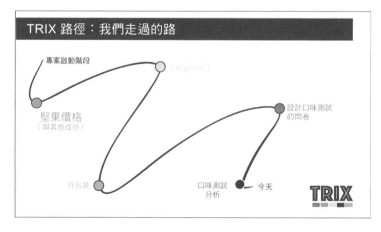

圖表 A3

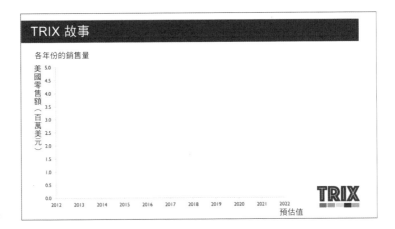

圖表 A4

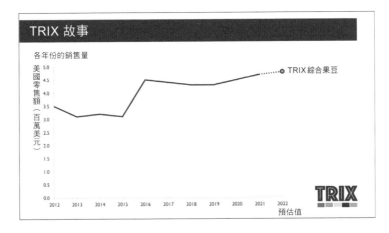

圖表 A5

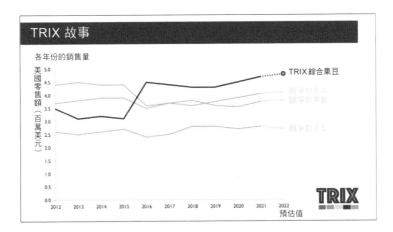

圖表 A6

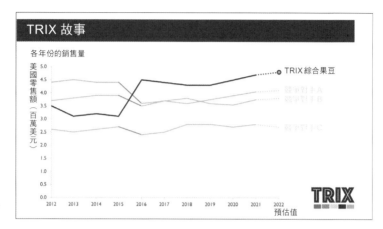

圖表 A7

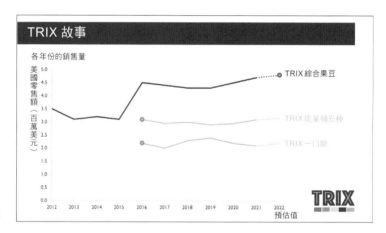

圖表 A8

圖表 A9

圖表 A10

圖表 A11

圖表 A12

圖表 A13

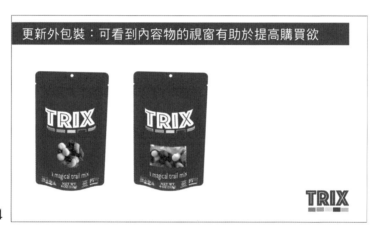

圖表 A14

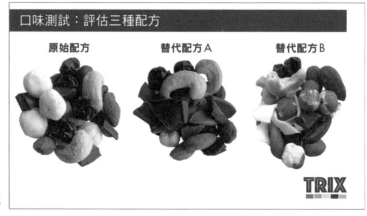

圖表 A15

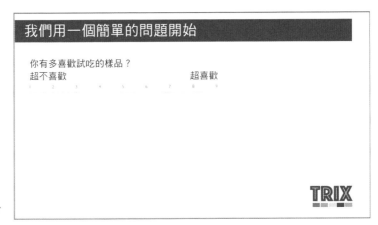

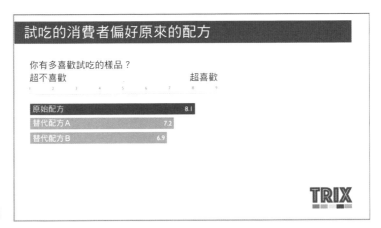

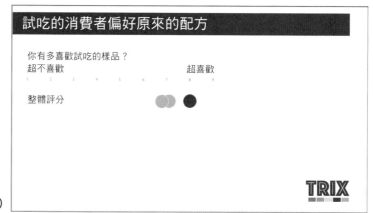

圖表 A19

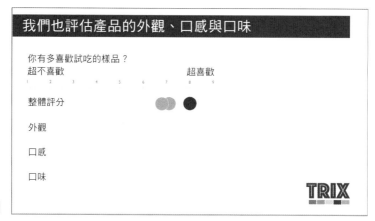

圖表 A20

我們也評估產品的外觀、口感與口味

你有多喜歡試吃的樣品？
超不喜歡　　　　　　　　　超喜歡
1　2　3　4　5　6　7　8　9

整體評分

外觀

口感

口味

TRIX

圖表 A21

——評析試吃消費者偏好原來的配方的各個面向

你有多喜歡試吃的樣品？

超不喜歡　　　　　　　　　　超喜歡

1　2　3　4　5　6　7　8　9

整體評分

外觀

口感

口味

TRIX

圖表 A22

試吃消費者對兩個替代配方給了較低評分

你有多喜歡試吃的樣品？

超不喜歡　　　　　　　　　　超喜歡

1　2　3　4　5　6　7　8　9

整體評分

外觀

口感

口味

TRIX

圖表 A23

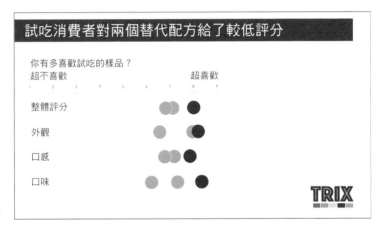

聚焦替代配方 A

你有多喜歡試吃的樣品？

超不喜歡　　　　　　　　　　超喜歡

1　2　3　4　5　6　7　8　9

整體評分

外觀

口感

口味

TRIX

圖表 A24

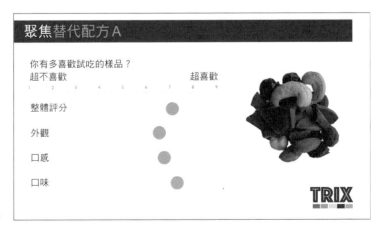

圖表 A25

圖表 A26

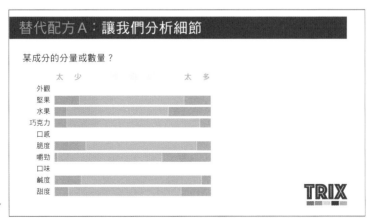

圖表 A27

圖表 A28

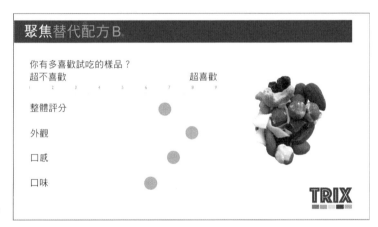

圖表 A29

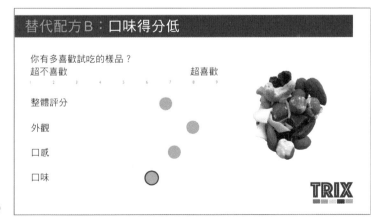

圖表 A30

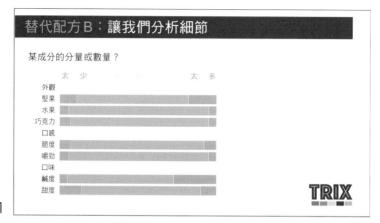

圖表 A31

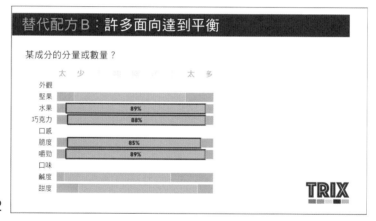

圖表 A32

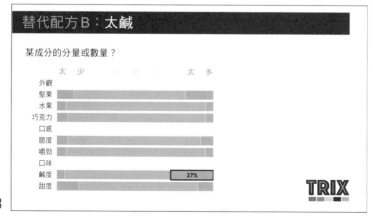

圖表 A33

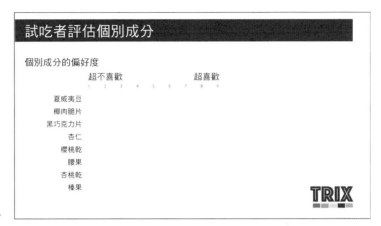

圖表 A34

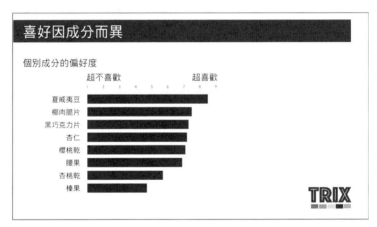

圖表 A35

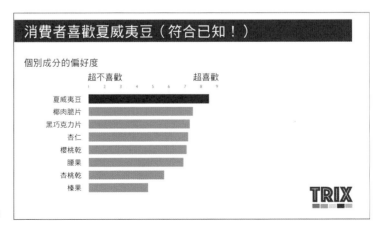

圖表 A36

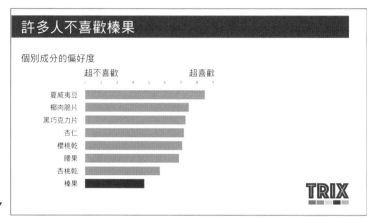

圖表 A37

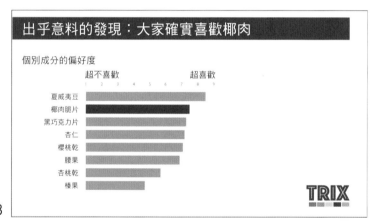

圖表 A38

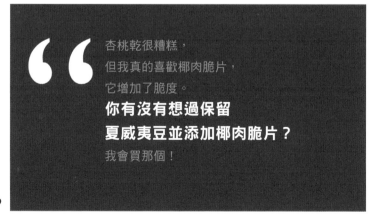

圖表 A39

圖表 A40

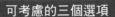

圖表 A41

圖表 A42

說一場有故事的簡報

作者	柯爾・諾瑟鮑姆・娜菲克Cole Nussbaumer Knaflic
譯者	鍾玉玨
商周集團執行長	郭奕伶
商業周刊出版部	
責任編輯	林雲
封面設計	Bert
內頁排版	林婕瀅
校對	呂佳真
出版發行	城邦文化事業股份有限公司-商業周刊
地址	104台北市中山區民生東路二段141號4樓
	電話：(02)2505-6789　傳真：(02)2503-6399
讀者服務專線	(02)2510-8888
商周集團網站服務信箱	mailbox@bwnet.com.tw
劃撥帳號	50003033
戶名	英屬蓋曼群島商家庭傳媒股份有限公司城邦分公司
網站	www.businessweekly.com.tw
香港發行所	城邦（香港）出版集團有限公司
	香港灣仔駱克道193號東超商業中心1樓
	電話：（852）25086231傳真：（852）25789337
	E-mail：hkcite@biznetvigator.com
製版印刷	中原造像股份有限公司
總經銷	聯合發行股份有限公司 電話：（02）2917-8022
初版1刷	2023年11月
初版3刷	2024年 3 月
定價	台幣480元
ISBN	978-626-7366-21-9（平裝）
EISBN	9786267366226（PDF）
	9786267366233（EPUB）

國家圖書館出版品預行編目(CIP)資料

說一場有故事的簡報 / 柯爾・諾瑟鮑姆・娜菲克（Cole Nussbaumer Knaflic）著；鍾玉玨譯. -- 初版. -- 臺北市：城邦文化事業股份有限公司商業周刊, 2023.11
　面；　公分. --

譯自：Storytelling with you : plan, create, and deliver a stellar presentation

ISBN 978-626-7366-21-9（平裝）

1.CST: 簡報　2.CST: 商務傳播　3.CST: 說話藝術

494.6　　　　　　　　　　　　　112015991

藍學堂

學習・奇趣・輕鬆讀